国家电网
STATE GRID

U0884747

配电网调控人员
培训题库

国家电力调度控制中心 编

中国电力出版社
CHINA ELECTRIC POWER PRESS

内 容 提 要

本书由国家电力调度控制中心组织编写，旨在提高各级调控系统人员配电网调度运行理论水平和操作技能。本书共分为十一章，主要内容包括电力系统基础及理论知识，配电网规划及一次设备基本知识，配电网调控运行，配电网方式计划，配电网继电保护，调度自动化，配电自动化，分布式电源，配网抢修指挥，“三集五大”之“大运行”体系建设，全球能源互联网。

本书是2016年配电网调控专业调考用书，可作为国家电网公司各级调控机构配电网调控运行和管理专业人员学习、培训的参考资料。

图书在版编目（CIP）数据

配电网调控人员培训题库 / 国家电力调度控制中心编. —北京：中国电力出版社，2016.4（2021.4重印）

ISBN 978-7-5123-9081-2

Ⅰ. ①配… Ⅱ. ①国… Ⅲ. ①配电系统-电力系统调度-技术培训-习题集 Ⅳ. ①TM73-44

中国版本图书馆CIP数据核字（2016）第050959号

中国电力出版社出版、发行

（北京市东城区北京站西街19号 100005 http://www.cepp.sgcc.com.cn）

北京雁林吉兆印刷有限公司印刷

各地新华书店经售

*

2016年4月第一版 2021年4月北京第二次印刷

787毫米×1092毫米 16开本 15.75印张 382千字

印数25001—25500册 定价**88.00**元

前　言

“十二五”期间，国家电网公司各级调控机构全面推行“大运行”体系建设，通过变更组织架构、创新管理方式、优化业务流程，从而进一步推进调控管理向纵深发展。为进一步夯实“大运行”体系建设成果，提升配电网调控运行及管理水平，增强专业技术力量，全面适应现代配电网快速发展要求，国家电力调度控制中心组织编写了《配电网调控人员培训题库》。

本题库共十一章，分别从电力系统基础及理论知识、配电网规划及一次设备基本知识、配电网调控运行、配电网方式计划、配电网继电保护、调度自动化、配电自动化、分布式电源、配网抢修指挥、“三集五大”之“大运行”体系建设、全球能源互联网十一个方面介绍了配电网调控需了解或掌握的知识。

本题库参考了现行的国家标准、行业标准、国家电网公司企业标准、规章制度以及配电网相关资料，各类标准、制度有变更的，以新标准、制度为准。

本题库作为国家电网公司各级调控机构配电网调控运行和专业管理人员学习和培训的参考资料。

由于编写时间仓促，书中难免出现不妥或疏漏之处，恳请读者批评指正，以便进一步完善。

编　者

2016年1月

目录

第一章　电力系统基础及理论知识

一、单选题

1. 我国电力系统中性点接地方式有 3 种，分别是（　　）。
A. 直接接地方式、经消弧线圈接地方式和经大电抗器接地方式；
B. 不接地方式、经消弧线圈接地方式和经大电抗器接地方式；
C. 直接接地方式、不接地方式、经消弧线圈接地方式；
D. 以上都不对。
答案：C。

2. 标幺值是各物理量及参数的（　　）值，是（　　）标准量纲的数值。
A. 相对，带；　B. 相对，不带；　C. 绝对，带；　D. 绝对，不带。
答案：B。

3. 不会随着它本身的转化或人类的利用而日益减少的能源称为（　　）。
A. 生物质能源；　B. 绿色能源；　C. 可再生能源；　D. 自然能源。
答案：C。

4. 不属于谐振过电压的是（　　）。
A. 同步谐振过电压；　B. 线性谐振过电压；
C. 铁磁谐振过电压；　D. 参数谐振过电压。
答案：A。

5. 一般情况下，下述对电力系统稳定运行的影响最小的故障是（　　）。
A. 两相接地短路；　B. 三相短路；　C. 单相接地；　D. 两相相间短路。
答案：C。

6. 产生电压崩溃的原因为（　　）。
A. 有功功率严重不足；　B. 无功功率严重不足；
C. 系统受到小的干扰；　D. 系统发生短路。
答案：B。

7. 产生频率崩溃的原因为（　　）。
A. 有功功率严重不足；　B. 无功功率严重不足；
C. 系统受到小的干扰；　D. 系统发生短路。

答案：A。

8. 潮流计算是计算（　　）过程。

A. 暂态；　　B. 动态；　　C. 稳态；　　D. 准稳态。

答案：C。

9. 把电力负荷与供电可靠性的要求，以及中断供电后将会对政治、经济及社会生活所造成损失或影响的程度进行区分，可以分为（　　）。

A. 一级；　　B. 二级；　　C. 三级；　　D. 四级。

答案：C。

10. 大电流接地系统中发生接地故障时，（　　）零序电压为零。

A. 故障点；　　B. 变压器中性点接地处；

C. 系统电源处；　　D. 变压器中性点间隙接地处。

答案：B。

11. 大电流接地系统中发生接地故障时，（　　）正序电压最高。

A. 故障点；　　B. 变压器中性点接地处；

C. 系统电源处；　　D. 变压器中性点间隙接地处。

答案：C。

12. 当电力系统的发供平衡被破坏时电网频率将产生波动；当电力系统发生有功功率缺额时，系统频率将（　　）。

A. 低于额定频率；　　B. 高于额定频率；

C. 没有变化；　　D. 忽高忽低地波动。

答案：A。

13. 当电力系统受到较大干扰而发生非同步振荡时，为防止整个系统的稳定被破坏，经过一段时间或超过规定的振荡周期数后，在预定地点将系统进行解列，该执行装置称为（　　）。

A. 低频或低压解列装置；　　B. 联切负荷装置；

C. 稳定切机装置；　　D. 振荡解列装置。

答案：D。

14. 当电网发生常见的单一故障时，对电力系统稳定性的要求是（　　）。

A. 电力系统应当保持稳定运行，同时保持对用户的正常供电；

B. 电力系统应当保持稳定运行，但允许损失部分负荷；

C. 系统不能保持稳定运行时，必须有预定的措施以尽可能缩小故障影响范围和缩短影响时间；

D. 在自动调节器和控制装置的作用下，系统维持长过程的稳定运行。

答案：A。

15. 下列关于配电网的特点说法错误的是（　　）。

A. 随着配电网自动化水平的提高，对供电管理水平要求越来越低；

B. 发展速度快，则用户对供电质量要求较高；

C. 对经济发展较好地区配电网设计标准要求越高，供电的可靠性要求越高；

D. 农网负荷季节性强。

答案：A。

16. 以下母线接线方式中运行可靠性、灵活性最差的是（　　）。

A. 3/2 接线；　　B. 双母线；　　C. 内桥接线；　　D. 单母线。

答案：D。

17. 地热发电首先是把地下热能转换成为（　　）。

A. 机械能；　　B. 势能；　　C. 动能；　　D. 化学能。

答案：A。

18. 电力系统各节点电压主要取决于（　　）。

A. 有功负荷的供需平衡；　　B. 无功负荷的供需平衡；

C. 有功和无功负荷的供需平衡；　　D. 网络结构。

答案：C。

19. 按照“统筹城乡电网、统一技术标准、差异化指导规划”的思想，国家电网公司明确了供电区域划分原则，并将公司经营区分为（　　）类供电区域。

A. 四；　　B. 五；　　C. 六；　　D. 七。

答案：C。

20. 电力系统发生振荡时，电气量的变化速度是（　　）。

A. 突变的；　　B. 逐渐的；　　C. 不变的；　　D. 线性变化。

答案：B。

21. 电力系统发生振荡时，各点的电压和电流（　　）。

A. 均作往复性摆动；　　B. 均会发生突变；

C. 在振荡的频率高时会发生突变；　　D. 在振荡的频率低时会发生突变。

答案：A。

22. 电力系统受到大扰动后，各同步发电机保持同步运行并过渡到新的或恢复到原来稳态运行方式的能力称为（　　）。

A. 静态稳定； B. 暂态稳定； C. 动态稳定； D. 功角稳定。

答案：B。

23. 电力系统在很小的干扰下，能独立地恢复到它初始运行状况的能力，称为（　　）。

A. 暂态稳定； B. 静态稳定；

C. 系统的抗干扰能力； D. 动态稳定。

答案：B。

24. 电力系统中性点非直接接地系统发生单相接地故障时，接地点将通过接地线路对应电压等级电网的全部对地（　　）电流。

A. 负序； B. 非线性； C. 电感； D. 电容。

答案：D。

25. 对称分量法适用于（　　）电路。

A. 线性； B. 非线性； C. 线性和非线性； D. 单相。

答案：A。

26. 对于局部电网无功功率过剩，电压偏高，应避免采取的措施为（　　）。

A. 发电机低功率因数运行，尽量多发无功；

B. 部分发电机进相运行，吸收系统无功；

C. 投入并联电抗器；

D. 控制低压电网无功电源上网。

答案：A。

27. 风能就是空气流动所产生的（　　）。

A. 动能和势能； B. 动能； C. 势能； D. 动能和热能。

答案：B。

28. 负荷功率因数低造成的影响是（　　）。

A. 线路电压损失增大，有功损耗增大，发电设备仍能充分发挥作用；

B. 线路电压损失增大，有功损耗减少，发电设备未能充分发挥作用；

C. 线路电压损失增大，有功损耗增大，发电设备未能充分发挥作用；

D. 线路电压损失减少，有功损耗减少，发电设备充分发挥作用。

答案：C。

29. 关于不对称运行给系统带来的影响最正确的是（　　）。

A. 谐波、负序、零序； B. 负序、零序；

C. 谐波、负序； D. 谐波、零序。

答案：B。

30. 变压器差动保护范围是（　　）。
A. 变压器中压侧到高压侧；
B. 变压器低压侧到中压侧；
C. 变压器低压侧到高压侧；
D. 变压器各侧电流互感器之间的设备。
答案：D。

31. 水电站主要利用水的（　　）。
A. 分子能；　B. 势能；　C. 热能；　D. 化学能。
答案：B。

32. 有名值与标幺值之间的关系（　　）。
A. 有名值=标幺值/基准值（与有名值同单位）；
B. 标幺值=有名值/基准值（与有名值同单位）；
C. 标幺值=基准值（与有名值同单位）/有名值；
D. 基准值=标幺值/有名值。
答案：B。

33. 在线性电路中，系统发生不对称短路时，将网络中出现的三相不对称的电压和电流，分解为（　　）三组对称分量。
A. 正、负、零序；　B. 幅值、频率、初相；
C. 相序、频率、幅值；　D. 电压、电流、功率。
答案：A。

34. 潮汐发电按能量形式分为两种：一种是利用潮汐的动能发电；另一种是利用潮汐的（　　）发电。
A. 电磁能；　B. 化学能；　C. 势能；　D. 热能。
答案：C。

35. 大规模储能技术中，目前只有（　　）技术相对成熟，而其他储能技术还处于试验示范阶段甚至初期研究阶段。
A. 电池储能；　B. 超导储能；　C. 抽水蓄能；　D. 压缩空气储能。
答案：C。

36. 防止非计划性孤岛现象的发生称为（　　）。
A. 防孤岛；　B. 计划性孤岛；　C. 孤岛；　D. 非计划性孤岛。
答案：A。

37. 光伏电站属新能源类电站，光伏电站在并网运行时（　　）。

A. 可以由电站运行人员自行从电网切除；
B. 必须由调度部门下达指令后才能从电网切除；
C. 可以由电站运行人员从电网自行切除后，上报给调度部门；
D. 当按调控指令切除后，可再次自行并网发电。
答案：B。

38. 光伏模式在标准测试条件下随日照强度不同的表现为（　　）。
A. 日照强度增加，电流减小；　　B. 日照强度增加，电压减小；
C. 日照强度减小，电流减小；　　D. 日照强度减小，电压增加。
答案：C。

39. 太阳能电池产生的能量以（　　）形式储存在蓄电池中。
A. 机械能；　B. 电能；　C. 热能；　D. 化学能。
答案：D。

40. 发电机与系统和二次系统间，无特殊规定时应采用准同期法并列；准同期法并列的条件是（　　）。
A. 相序一致，相位相同，电压相等；
B. 频率相等，电压相等；
C. 相序一致，频率相等，电压相等；
D. 相序一致，相位相同，频率相等，电压相等。
答案：D。

41. 一台三相变压器的联结组别是 YN D11，表示一次绕组为星形接法，二次绕组为三角形接法，则二次绕组超前一次绕组为（　　）。
A. 30°；　B. 60°；　C. 90°；　D. 120°。
答案：A。

42. 变压器的联结组别表示的是变压器的高、低压侧（　　）间的相位关系。
A. 线电压；　B. 线电流；　C. 相电压；　D. 相电流。
答案：A。

43. 变压器油温表测量的温度是指（　　）。
A. 绕组温度；　　B. 铁芯温度；
C. 上层油的平均温度；　　D. 下层油的平均温度。
答案：C。

44. 变压器阻抗电压是变压器的重要参数之一，它是通过变压器（　　）而得到的。
A 冲击试验；　B. 短路试验；　C. 带负荷试验；　D. 空载试验。

答案：B。

45. 电容器的无功输出功率与电容器的电容（　　）。
A. 成反比；　B. 成正比；　C. 成比例；　D. 不成比例。
答案：B。

46. 电容器中储存的能量是（　　）。
A. 热能；　B. 机械能；　C. 磁场能；　D. 电场能。
答案：D。

47. 三相对称负载三角形连接时，线电压最大值是相电压有效值的（　　）倍。
A. 1；　B. 3；　C. 1.414；　D. 2。
答案：C。

48. 下列有关自耦变压器与普通变压器的不同之处陈述错误的是（　　）。
A. 有电的联系；
B. 体积小，重量轻，便于运输；
C. 电源通过变压器的容量是由两个部分组成，即一次绕组与公用绕组之间电磁感应功率和一次绕组直接传导的传导功率；
D. 仅是磁的联系。
答案：D。

49. 由雷电引起的过电压称为（　　）。
A. 内部过电压；　B. 操作过电压；　C. 工频过电压；　D. 大气过电压。
答案：D。

50. 用来供给断路器跳、合闸线圈和继电保护装置工作的电源有（　　）。
A. 交流；　B. 直流；　C. 交、直流；　D. 以上都不对。
答案：C。

51. 断路器分闸速度快慢影响（　　）。
A. 灭弧能力；　B. 合闸电阻；　C. 消弧片；　D. 分闸阻抗。
答案：A。

52. 凡采用保护接零的供电系统，其中性点接地电阻不得超过（　　）。
A. 5Ω；　B. 4Ω；　C. 3Ω；　D. 2Ω。
答案：B。

53. 直流电路中，我们把电流流出的一端叫电源的（　　）。

A. 正极；　B. 负极；　C. 端电压；　D. 电动势。
答案：A。

54. 电感元件的基本工作性能是（　　）。
A. 消耗电能；　B. 产生电能；　C. 储存能量；　D. 传输能量。
答案：C。

55. 一空载运行电缆线路，首端电压和末端电压分别为 U_1 和 U_2，下面正确的是（　　）。
A. $U_1 < U_2$；　B. $U_1 = U_2$；　C. $U_1 > U_2$；　D. 不确定。
答案：A。

56. 变电站的直流系统直流绝缘监视装置监测的是（　　）。
A. 变电站的直流系统正负极间绝缘；
B. 变电站的直流系统正极对地间绝缘；
C. 变电站的直流系统负极对地间绝缘；
D. 变电站的直流系统正、负极对地绝缘。
答案：D。

57. 下面不是发电机失磁的现象项为（　　）。
A. 转子电流表指示为零或接近于零；
B. 定子电流表指示升高并摆动，有功功率表指示降低；
C. 无功功率表指示为负值，发电机调相运行；
D. 发电机母线电压指示降低并摆动。
答案：C。

58. 在火力发电厂中使高温高压蒸汽膨胀做功，将携带的热能转变为机械能的关键设备是（　　）。
A. 锅炉；　B. 汽轮机；　C. 发电机；　D. 电动机。
答案：B。

59. 变压器过负荷时，为消除过负荷，不能采取的措施为（　　）。
A. 投入备用变压器；
B. 将变压器二次侧并列运行，使得两台变压器负荷均衡，但接近满载；
C. 限制负荷；
D. 转移负荷。
答案：B。

60. 消弧线圈补偿度 $\rho < 0$，对应于（　　）时的情况。
A. 全补偿；　B. 过补偿；　C. 恒补偿；　D. 欠补偿。

答案：D。

61. 电网低频率运行时，发电厂给水泵和循环水泵的转速将（　　）。
A. 不变；　　B. 减慢；　　C. 加快；　　D. 不一定。
答案：B。

62. 变电站母线上装设避雷器是为了（　　）。
A. 防止直击雷；　　B. 防止反击过电压；
C. 防止雷电行波；　　D. 防止雷电流。
答案：C。

63. 在以下设备中，对于（　　），其负序电抗和正序电抗是不同的。
A. 变压器；　　B. 电容器；　　C. 发电机；　　D. 电抗器。
答案：C。

64. 运行中的电流互感器，当一次电流在未超过额定值 1.2 倍时，电流增大，误差（　　）。
A. 不变；　　B. 增大；
C. 变化不明显；　　D. 减小。
答案：D。

65. 断路器额定电压是指（　　）。
A. 断路器正常工作电压；　　B. 正常工作相电压；
C. 正常工作线电压的有效值；　　D. 正常工作线电压的最大值。
答案：C。

66. 电压互感器二次熔丝熔断时间应（　　）。
A. 小于保护动作时间；　　B. 大于保护动作时间；
C. 等于保护动作时间；　　D. 等于断路器跳闸时间。
答案：A。

二、多选题

1. 发生各种短路故障时，下列说法正确的是（　　）。
A. 正序电压越靠近故障点越小；　　B. 负序电压越靠近故障点越小；
C. 零序电压越靠近故障点越大；　　D. 三相电压都不平衡。
答案：AC。

2. 关于系统振荡和短路，下列说法正确的是（　　）。
A. 振荡时电流和电压的变化速度较慢；
B. 振荡时电流和电压的变化速度较快；

C. 短路时电流和电压的变化速度较慢；
D. 短路时电流和电压的变化速度较快。
答案：AD。

3. 电磁环网对电网运行的弊端有（　　）。
A. 易造成热稳定破坏；　　B. 易造成动稳定破坏；
C. 不利于经济运行；　　D. 需要装设安自装置。
答案：ABCD。

4. 电力系统的暂态过程包含哪几种过程？（　　）
A. 波过程；　　B. 电磁暂态过程；
C. 机电暂态过程；　　D. 热稳定过程。
答案：ABC。

5. 电力系统工频过电压产生的原因主要为（　　）。
A. 空载长线路的电容效应；
B. 系统中各元件参数选择不当引起的谐振效应；
C. 甩负荷引起的工频电压升高；
D. 不对称短路引起的非故障相电压升高。
答案：ACD。

6. 电力系统序参数包括（　　）。
A. 正序；　　B. 负序；　　C. 中序；　　D. 零序。
答案：ABD。

7. 电力系统振荡和短路的主要区别有（　　）。
A. 短路时电流、电压值是突变的；
B. 振荡时系统任何一点电流与电压之间的相位角都随功角变化而变化；
C. 振荡时系统各点电压和电流值均做往复性摆动；
D. 短路时，电流与电压之间的角度是基本不变的。
答案：ABCD。

8. 电力系统中谐波对电网电能质量的影响为（　　）。
A. 电压与电流波形发生畸变；
B. 电压波形发生畸变，电流波形不畸变；
C. 降低电网电压；
D. 提高电网电压。
答案：AC。

9. 电网进行无功补偿可以（　　）。

A. 减少系统频率波动；　　B. 增加电网输电能力；
C. 减少电网的传输损耗；　　D. 提高用户的功率因数。

答案：BCD。

10. 对无功平衡影响的因素有（　　）。

A. 超高压线路充电功率；　　B. 网损和线路的改造、投运；
C. 大型用户开停；　　D. 新变压器投运。

答案：ABCD。

11. 根据电网结构和故障性质不同，电力系统发生大扰动时的安全稳定标准分为（　　）。

A. 保持稳定运行和电网的正常供电；
B. 保持稳定运行，但允许损失部分负荷；
C. 当系统不能保持稳定运行时，必须防止系统崩溃，并尽量减少负荷损失；
D. 不允许损失负荷。

答案：ABC。

12. 关于标幺值说法正确的是（　　）。

A. 标幺值没有单位；
B. 标幺值决定于基准值的选取；
C. 不同的物理量可能有相同的标幺值；
D. 一个物理量可以有多个标幺值。

答案：ABCD。

13. 关于系统动态稳定说法正确的是（　　）。

A. 动态稳定只研究大的扰动对电力系统的影响；
B. 动态稳定只研究小的扰动对电力系统的影响；
C. 动态稳定既研究小的扰动也研究大的扰动对系统的影响；
D. 动态稳定是研究较长过程的运行稳定性。

答案：CD。

14. 衡量电能质量的三个参数是（　　）。

A. 电流；　　B. 电压；　　C. 频率；　　D. 波形。

答案：BCD。

15. 交流电路中，功率因数等于（　　）。

A. 电压与电流的相位角差的正弦；　　B. 电压与电流的相位角差的余弦；

C. 有功功率与视在功率的比值；　　D. 无功功率与视在功率的比值。

答案：BC。

16. 系统内电压大幅度下降的原因有（　　）。

A. 负荷急剧增加；　　B. 负荷急剧减少；

C. 无功电源的突然切除；　　D. 无功电源的突然投入。

答案：AC。

17. 电能是一种应用广泛的能源，是由以下哪几个环节有机地构成一个系统？（　　）

A. 生产（发电厂）；　　B. 输送（输配电线路）；

C. 分配（变电站）；　　D. 消费（电力客户）。

答案：ABCD。

18. 电力系统的调频方式有（　　）。

A. 手动调频；　　B. 自动调频；　　C. 一次调频；　　D. 二次调频。

答案：CD。

19. 电力系统发生短路时，下列哪些量是突变的？（　　）

A. 电流值；　　B. 电压值；　　C. 相位角；　　D. 频率。

答案：AB。

20. 电力系统全停后，在恢复启动过程中应注意有功、无功功率平衡，防止发生（　　），必须考虑系统恢复过程中的稳定问题，合理投入继电保护和安全自动装置，防止保护误动而中断或延误系统恢复。

A. 频率的大幅度波动；　　B. 自励磁；

C. 电压失控；　　D. 负荷分布不均。

答案：ABC。

21. 系统有功功率备用容量包括（　　）。

A. 负荷备用容量；　　B. 事故备用容量；　　C. 低频减负荷容量；　　D. 检修备用容量。

答案：ABD。

22. 关于电力系统的电压特性描述，正确的是（　　）。

A. 电力系统各节点的电压通常情况下是不完全相同的；

B. 电力系统各节点的电压主要取决于各区的有功和无功供需平衡情况；

C. 电力系统各节点的电压与网络结构（网络阻抗）也有较大关系；

D. 电压不能全网集中统一调整，只能分区调整控制。

答案：ABCD。

23. 电压中枢点的选择原则是（　　）。
A. 区域性水、火电厂的高压母线（高压母线有多回出线）；
B. 在电压监测点中随机选择；
C. 有大量地方负荷的发电厂母线；
D. 分区选择母线短路容量较大的 220kV 变电站母线。
答案：ACD。

24. 电力系统主要有（　　）三大类谐波源。
A. 铁磁饱和性；　　B. 电子开关型；　　C. 电弧型；　　D. 电阻型。
答案：ABC。

25. 影响线损的因素有（　　）。
A. 管制制度不健全；
B. 运行方式不合理；
C. 无功补偿配置不合理；
D. 网络结构不尽合理。
答案：ABCD。

26. 影响系统电压的因素有（　　）。
A. 由于生产、生活、气象等因素引起的负荷变化；
B. 无功补偿容量的变化；
C. 系统运行方式的改变引起的功率分布和网络阻抗变化；
D. 电压互感器变化。
答案：ABC。

27. 常用的潮流计算方法有（　　）。
A. 牛顿—拉夫逊法；　　B. 快速分解法；
C. 最优因子法；　　D. 隐式积分法。
答案：AB。

28. 谐波对电网的影响有（　　）。
A. 对旋转设备和变压器引起附加损耗以及增加发热；
B. 对线路引起附加损耗；
C. 引起系统的电感、电容发生谐振，使谐波放大；
D. 干扰通信设备。
答案：ABCD。

29. 限制电网谐波的主要措施有（　　）。
A. 增加换流装置的脉动数；　　B. 加装交流滤波器；

C. 加装有源滤波器；　　D. 加强谐波管理。

答案：ABCD。

30. 电力系统安全稳定计算分析的目的有（　　）。

A. 对电力系统进行详细的仿真计算和分析研究；

B. 确定系统稳定问题的主要特征和稳定水平；

C. 提出提高系统稳定水平的措施和保证系统安全稳定运行的控制策略；

D. 指导电网规划、设计、建设、生产运行以及科研、试验中的相关工作。

答案：ABCD。

31. 配电网按电压等级的不同，可又分为（　　）。

A. 高压配电网；　B. 中压配电网；　C. 低压配电网；　D. 城市配电网。

答案：ABC。

32. 配电网规划要保证网络中各节点满足电压损失及其分配要求，各类用户受电电压质量执行 GB/T 12325—2008《电能质量　供电电压偏差》规定，下列说法正确的是（　　）。

A. 35kV 及以上供电电压正、负偏差的绝对值之和不超过标称电压的 10%；

B. 20kV 及以下三相供电电压允许偏差为标称电压的–10%～+7%；

C. 220V 单相供电电压允许偏差为标称电压的±7%；

D. 对供电点短路容量较小、供电距离较长以及对供电电压偏差有特殊要求的用户，由供、用电双方协议确定。

答案：AD。

33. 特殊方式包括以下哪几种方式？（　　）

A. 节假日运行方式；

B. 主干线路、变压器或其他系统重要元件、设备计划外检修；

C. 电网主要安全稳定控制装置退出；

D. 其他对系统安全稳定运行影响较为严重的方式。

答案：ABCD。

34. 当两台变比不相同的变压器并列运行时会（　　）。

A. 将会产生环流；　　B. 影响变压器的输出功率；

C. 不能按变压器的容量比例分配负荷；　　D. 会使变压器短路。

答案：AB。

35. 变电站中央信号包括的内容有（　　）。

A. 预报音响信号；　　B. 事故音响信号；

C. 隔离开关位置信号；　　D. 断路器跳闸信号。

答案：AB。

36. 变电站的直流系统接地危害是（　　）。

A. 可造成断路器误跳闸；　　B. 可造成断路器拒绝跳闸；

C. 可造成熔断器熔断；　　D. 可造成继电保护误动作。

答案：ABCD。

37. 真空断路器的特点有（　　）。

A. 触头开距小，燃弧时间短；

B. 触头在开断故障电流时烧伤轻微；

C. 真空断路器所需的操作能量小，动作快；

D. 具有体积小、重量轻、维护工作量小，能防火、防爆，操作噪声小的优点。

答案：ABCD。

38. 断路器中的油起（　　）作用。

A. 冷却；　　B. 绝缘；　　C. 灭弧；　　D. 保护。

答案：BC。

39. 变压器的常见故障有（　　）。

A. 线圈故障：主要有线圈匝间短路、线圈接地、相间短路、线圈断线及接头开焊等；

B. 套管故障：常见的是炸毁、闪络放电及严重漏油等；

C. 冷却装置故障：主要有风冷电源消失；冷却器故障；

D. 铁芯故障：主要有铁芯柱的穿心螺杆及夹紧螺杆绝缘损坏而引起的；铁芯有两点接地产生局部发热，产生涡流造成过热。

答案：ABCD。

40. 变压器调压的方式有（　　）。

A. 强励；　　B. 进相运行；　　C. 有载调压；　　D. 无载调压。

答案：CD。

41. 变压器冷却方式有（　　）。

A. 强迫油循环风冷；　　B. 强迫油循环水冷；

C. 强迫油循环导向冷却；　　D. 油浸氢冷。

答案：ABC。

42. 下列哪些情况可以使变压器工作磁密增加？（　　）

A. 电压升高；　　B. 电压降低；　　C. 频率升高；　　D. 频率降低。

答案：AD。

43. 静止补偿器由（　　）组成。

A. 并联电容器；　　B. 电抗器；　　C. 串联电容器；　　D. 检测与控制系统。

答案：ABD。

44. 电压调整的具体方法有（　　）。
A. 投切电容器；　　B. 改变变压器分接头；
C. 调整运行方式；　　D. 投切电抗器。
答案：ABCD。

45. 发电机失磁对系统和发电机本身有什么影响？（　　）
A. 从系统吸收无功功率，造成系统电压下降；
B. 有可能使其他发电机过电流；
C. 在转子回路中感应出转差频率的电流，引起转子局部过热；
D. 发电机发生振动。
答案：ABCD。

46. 自耦变压器的特点有（　　）。
A. 体积小；　B. 体积大；　C. 造价低；　D. 造价高。
答案：AC。

47. 锅炉本体的主要部件有（　　）。
A. 空气预热器；　B. 燃烧器；　C. 省煤器；　D. 汽包。
答案：ABCD。

48. 下列关于隔离开关的说法正确的是（　　）。
A. 没有专门的灭弧装置；
B. 一般不能用来切断负荷电流和短路电流；
C. 不具有电动力稳定性和热稳定性；
D. 不因短路电流通过而自动分开。
答案：ABD。

49. 三绕组变压器三侧都装过流保护的作用是（　　）。
A. 能有选择地切除故障，无需将变压器停运；
B. 能快速切除变压器内、外部故障；
C. 各侧的过流保护可以作为本侧母线、线路的后备保护；
D. 可以保护变压器任意一侧的母线。
答案：ACD。

50. 对配电网的基本要求主要是（　　）。
A. 供电的连续性；　B. 可靠性；　C. 合格的电能质量；　D. 运行的经济性。
答案：ABCD。

51. 违章分为哪三类?（　　）

A. 行为违章；　　B. 故意违章；　　C. 装置违章；　　D. 管理违章。

答案：ACD。

52. 下列对电容器描述正确的是（　　）。

A. 电容等于单位电压作用下电容器每一极板上的电荷量；

B. 电容器储存的电量与电压的平方成正比；

C. 电容器具有隔断直流电，通过交流电的性能；

D. 串联电容器的等效电容等于各电容倒数之和。

答案：AC。

53. 单母线接线的 10kV 系统发生单相接地后，经逐条线路试停电查找，接地现象仍不消失的原因是（　　）。

A. 两条线路同时同相接地；　　B. 消弧线圈有接地；

C. 站内母线接地；　　D. 主变压器 10kV 侧有接地。

答案：ACD。

54. 电力系统中的谐波对电力变压器的危害有哪些?（　　）

A. 铜耗增大；　　B. 噪声增大；

C. 铁耗增大；　　D. 降低了变压器的实际使用容量。

答案：ABCD。

55. 电流互感器运行注意事项主要有（　　）。

A. 电流互感器不得超额定容量长期运行；

B. 电流互感器二次侧电路应始终闭合；

C. 电流互感器二次侧线圈的一边和铁芯应同时接地；

D. 电流互感器二次侧应开路运行。

答案：ABC。

56. 根据电力系统所承受的扰动大小的不同，发电机同步运行的稳定性问题又可分为（　　）三大类。

A. 静态稳定；　　B. 扰动稳定；　　C. 暂态稳定；　　D. 动态稳定。

答案：ACD。

57. 在一次侧加零序电压，变压器二次侧绕组中会有零序电流的接线是（　　）。

A. YN d；　　B. YN yn；　　C. Y y；　　D. Y d。

答案：AB。

58. 在中性点经消弧线圈接地的电网中，过补偿运行时消弧线圈的主要作用是（　　）。

A. 改变接地电流相位；
B. 减小接地电流；
C. 消除铁磁谐振过电压；
D. 减小单相故障接地时故障点恢复电压。

答案：BCD。

三、判断题

1. 低频振荡产生的原因是电力系统的正阻尼效应，常出现在弱联系、远距离、重负荷输电线路上。

答案：错误。

2. 当输电线路导线表面的电场强度超过空气的击穿强度时，导线表面将出现电晕放电。

答案：正确。

3. 波形的畸变率是指各次谐波有效值的平方和的方根植与基波有效值的百分比。

答案：正确。

4. 当电力系统同步振荡时，系统频率不能保持同一个频率，且所有电气量和机械量波动明显偏离额定值。

答案：错误。

5. 提高电力系统静态稳定性的根本措施是缩短电气距离。

答案：正确。

6. A+类供电区主要为省会城市（计划单列市）的市中心区、直辖市的市区以及地级市的高负荷密度区。

答案：错误。

7. 风电场并网点是指升压站低压侧母线或节点。

答案：错误。

8. 静止元件（线路和变压器）的负序和正序阻抗是相等的，零序阻抗则不同于正序或负序阻抗；旋转元件（如发电机和电动机）的正序、负序和零序阻抗三者互不相等。

答案：正确。

9. 当电力系统受到扰动后，能自动地恢复到原来的运行状态，或者凭借控制设备的作用过渡到新的稳定状态运行，即谓电力系统稳定运行。

答案：正确。

10. 只有发生接地故障或非全相运行时，零序电流才会出现。

答案：错误。

11. 最优潮流除了对有功及耗量进行优化外，还对无功及网损进行了优化。此外，最优潮流还考虑了母线电压的约束及线路潮流的安全约束。

答案：正确。

12. *N*–1 原则是指正常运行方式下的电力系统中任一元件（如线路、发电机、变压器等）无故障或因故障断开，电力系统应能保持稳定运行和正常供电，其他元件不过负荷，电压和频率均在允许范围内。

答案：正确。

13. 电压稳定是指电力系统受到小的或大的干扰后，系统电压能够保持或恢复到允许的范围内，不发生电压失稳的能力。

答案：正确。

14. 电力系统运行电压如果低于临界电压，将会发生系统电压不断下降的现象，这个现象称为电压崩溃，或者叫作电力系统不稳定。

答案：正确。

15. 按照“统筹城乡电网、统一技术标准、差异化指导规划”的思想，国家电网公司明确了供电区域划分原则，并将公司经营区分为 A+、A、B、C、D、E 六类供电区域。

答案：正确。

16. 电力系统不接地系统供电可靠性高，但对绝缘水平的要求也高。

答案：正确。

17. 电力系统的电压特性与电力系统的频率特性都与网络结构（网络阻抗）关系不大。

答案：错误。

18. 系统振荡时，随着离振荡中心距离的增加，电压波动逐渐减少。

答案：正确。

19.《电网调度运行分析制度（试行）》规定，潮流运行指标包括：设备或断面潮流超过稳定限额运行的累计时间，连续超限运行十分钟以上的次数和最长时间。

答案：正确。

20. 配电网按供电地域特点不同或服务对象不同，可分为城市配电网和农村配电网。

答案：正确。

21. $X_0/X_1 \leqslant 4 \sim 5$ 的系统属于小电流接地系统（X_0 为系统零序电抗，X_1 为系统正序电抗）。

答案：错误。

22. 电力系统的不对称运行是指三相非全相运行。

答案：错误。

23. 对称的三相电路中，流过不同相序的电流时，所遇到的阻抗是相同的。

答案：错误。

24. 电力系统发生振荡时，系统三相是对称的；短路时系统可能出现三相不对称。

答案：正确。

25. 一级负荷是指突然停电将会造成人身伤亡，或在经济上造成重大损失，或在政治上造成重大不良影响、使公共秩序严重混乱、造成环境严重污染的一类负荷。

答案：正确。

26. 发电机的频率特性是一种反映频率变化而引起发电机出力变化的特性。

答案：正确。

27. 发电机失磁时，从系统中吸收无功功率，引起电力系统的电压降低。

答案：正确。

28. 当线路容抗大于发电机和变压器感抗的时候，发电机易发生自励磁。

答案：错误。

29. 电厂装设小型发电机是电厂保厂用电的措施之一。

答案：正确。

30. 空载变压器投入运行时，由于仅有一侧开关合上，构不成电流回路通道，因此不会产生太大电流。

答案：错误。

31. 变压器并列运行时，如变比不同，变压器间将有均衡电流产生。

答案：正确。

32. 若将不同联结组别的变压器并联运行，二次侧回路将因变压器各二次侧电压不同而产生电压差。

答案：正确。

33. 电压互感器正常工作时的磁通密度接近饱和值，系统故障时电压上升。

答案：错误。

34. 电流互感器二次侧可以开路，但不能短路。

答案：错误。

35. 电源通过自耦变压器的容量是由一次绕组与公共绕组之间电磁感应功率和一次绕组直接传导的传导功率组成。

答案：正确。

36. 变压器电压比仅与变压器结构（即一、二次绕组匝数）有关。

答案：错误。

37. 两台变比不同的变压器并联运行，产生的均衡电流的方向是从二次输出电压高的变压器流向输出电压低的变压器。

答案：正确。

38. 用隔离开关可以拉、合各种负荷电流和各种设备的充电电流和故障电流。

答案：错误。

39. 输电线路中的无功损耗与电压平方成正比，而充电功率却与电压平方成反比。

答案：错误。

40. 避雷线和避雷针的作用是防止直击雷，使在它们保护范围内的电气设备（架空输电线路及变电站设备）遭直击雷绕击的概率减小。

答案：正确。

41. 变动电流、电压二次回路后，可以不用负荷电流、电压检查变动回路的正确性。

答案：错误。

42. 大型发电机常采用自同期方式并网。

答案：错误。

43. 火电机组最低技术出力由锅炉的最小负荷决定。

答案：正确。

44. 火力发电厂的主要设备有锅炉、汽轮机和发电机。

答案：正确。

45. 相对于二次侧的负载来说，电压互感器的一次内阻抗较小，可以认为电压互感器是一个电压源。

答案：正确。

46. 对于输电线路，一般而言零序电抗要比正序电抗小。

答案：错误。

47. 有备用接线中的环式接线，既有双回路干线式等的供电可靠性，又考虑了经济性，是系统中最常见、最佳的接线方式。

答案：错误。

48. 电网频率过高对汽轮机运行没有影响，过低则有较大影响。

答案：错误。

49. 为了正确地并列，不但要一次相序和相位正确，还要求二次相位和相序正确，否则也会发生非同期并列。

答案：正确。

50. 主变压器高压绕组、低压绕组均采用全绝缘，具有相同的绝缘水平。

答案：错误。

51. 避雷器的作用是通过串联放电间隙或非线性电阻的作用，对入侵流动波进行削幅，降低被保护设备所受过电压值。

答案：错误。

52. 电流的集肤效应是交流电通过导体时电流聚集在导体表面的效应。

答案：正确。

53. 同一电阻在相同时间内通过直流电和交流电产生相同热量，这时直流电流数值称为交流电流的有效值。

答案：正确。

54. 电抗器的作用是抑制高次谐波，降低母线残压。

答案：错误。

55. 变压器全电压充电时在其绕组中产生的暂态电流称为变压器励磁涌流。

答案：正确。

56. 变压器联结组别的时钟表示法是以变压器高压侧相电压的向量作为时针，并固定指向“12”。

答案：错误。

57. 发电机与系统一相相联，两相断开，断路器断开最大电压将产生 2 倍的相电压。

答案：错误。

58. 无备用接线方式的主要缺点是供电可靠性差，因此这种接线不适用于一级负荷占很大比重的场合。但一级负荷的比重不大，并可为这些负荷单独设置备用电源时，仍可采用这种接线。

答案：正确。

第二章　配电网规划及一次设备基本知识

一、单选题

1.《配电网规划设计技术导则》中配电网是指（　　）。

A. 从输电网接受电能，并通过配电设施就地或逐级分配给各类用户的电力网络；

B. 从输电网或地区发电厂接受电能，并通过配电设施就地或逐级分配给各类用户的电力网络；

C. 从电源侧（输电网和发电设施）接受电能，并通过配电设施就地或逐级分配给各类用户的电力网络；

D. 从发电设施接受电能，并通过配电设施就地或逐级分配给各类用户的电力网络。

答案：C。

2.《配电网规划设计技术导则》中双回路是指（　　）。

A. 分别来自两个不同的变电站，为同一用户负荷供电的两路供电电源；

B. 分别来自两个不同的变电站，或来自同一变电站内不同母线，为同一用户负荷供电的两路供电电源；

C. 为同一用户负荷供电的两回供电线路；

D. 分别来自两个不同的变电站，或来自不同电源进线的同一变电站内两段母线，为同一用户负荷供电的两路供电电源。

答案：C。

3. 配电网涉及（　　）四个紧密关联的层级。

A. 高压配电线路和变电站、中压配电线路和配电变压器、低压配电线路、用户；

B. 高压配电线路和变电站、中压配电线路和配电变压器、用户、电源；

C. 高压配电线路和变电站、中压配电线路和配电变压器、低压配电线路、用户和分布式电源；

D. 高压配电线路和变电站、中压配电线路和配电变压器、低压配电线路、分布式电源。

答案：C。

4. 变电站供电半径是指（　　）。

A. 变电站到其供电范围的边界的最大值；

B. 变电站到其供电范围的边界的平均值；

C. 变电站低压出线到其供电的最远负荷点之间的线路长度；

D. 变电站供电范围的几何中心到边界的平均值。

答案：D。

5. 负荷组是指（　　）。
A. 由一个供电点构成的集合；
B. 由多个用电负荷构成的集合；
C. 由单个或多个供电点构成的集合；
D. 由一段线路上的供电点和用电负荷构成的集合。
答案：C。

6. 组负荷是指（　　）。
A. 负荷组的最大负荷；
B. 负荷组的最小负荷；
C. 负荷组在一定时间内的平均负荷；
D. 负荷组在考虑一定转供能力后的最大负荷。
答案：A。

7. 下列接线模式中不能通过线路“*N*–1”校验的是（　　）。
A. 单辐射线路；　B. 单环网线路；　C. 双环网线路；　D. 多联络线路。
答案：A。

8. 转供能力是指某一供电区域内，当电网元件或变电站发生停运时，电网转移负荷的能力，一般量化为（　　）。
A. 可转移的负荷的最大值；　B. 可转移的负荷占该区域总负荷的比例；
C. 可转移的负荷的最小值；　D. 可转移的负荷的平均值。
答案：B。

9.《配电网规划设计技术导则》中 A+类供电区是指（　　）。
A. 主要为地级市的市中心区、省会城市（计划单列市）的市区，以及经济发达县的县城；
B. 主要为省会城市（计划单列市）的市中心区、直辖市的市区以及地级市的高负荷密度区；
C. 主要为直辖市的市中心区，以及省会城市（计划单列市）高负荷密度区；
D. 主要为省会城市（计划单列市）的市中心区、直辖市的市区以及地级市的市中心区。
答案：C。

10.《配电网规划设计技术导则》中 C 类供电区是指（　　）。
A. 主要为地级市的市中心区、省会城市（计划单列市）的市区，以及经济发达县的县城；
B. 主要为县城、地级市的市区以及经济发达的中心城镇；
C. 主要为县城、城镇以外的乡村、农林场；
D. 主要为省会城市（计划单列市）的市中心区、直辖市的市区以及地级市的市中心区。
答案：B。

11.《配电网规划设计技术导则》中省会城市（计划单列市）区域负荷密度在（　　）范围内可划分为 B 类供电区。

A. $6 \leqslant \sigma < 15$；　B. $6 < \sigma \leqslant 15$；　C. $\sigma \geqslant 6$；　D. $\sigma \geqslant 15$。

答案：A。

12.《配电网规划设计技术导则》中供电区域的划分主要依据（　　）。

A. 经济发达程度；

B. 用户重要程度；

C. 行政级别或规划水平年的负荷密度；

D. GDP（gross domestic product，国民生产总值）。

答案：C。

13.《配电网规划设计技术导则》中 A 类区域的规划目标是（　　）。

A. 供电可靠率≥99.990%，综合电压合格率≥99.98%；

B. 供电可靠率≥99.990%，综合电压合格率≥99.95%；

C. 供电可靠率≥99.965%，综合电压合格率≥99.95%；

D. 供电可靠率≥99.999%，综合电压合格率≥99.98%。

答案：A。

14. A+和 A 类供电区域的馈线自动化方式一般采用（　　）

A. 集中式或智能分布式；　B. 集中式或就地型重合器；

C. 就地型重合器或故障指示器；　D. 故障指示器。

答案：A。

15. 配电网规划应分析可靠性（　　）的差距，提出改善供电可靠性指标的投资需求。

A. 远期目标和现状指标；　B. 中期目标和现状指标；

C. 近期目标和现状指标；　D. 远期目标和近期建设指标。

答案：A。

16. 在低压用户供电可靠性统计工作普及后，可靠性指标应以（　　）作为统计单位，口径与国际惯例接轨。

A. 高压用户；　B. 低压用户；　C. 专线用户；　D. 重点用户。

答案：B。

17. 某一供电区面积 $10km^2$，其中水域面积 $0.8km^2$，区域内 110kV 专线负荷 15MW，总负荷 180MW，则该供电区的负荷密度为（　　）。

A. $19.56MW/km^2$；　B. $18MW/km^2$；

C. $17.93MW/km^2$；　D. $16.5MW/km^2$。

答案：C。

18.（　　）是支撑架空线路导线，并使导线与导线之间，导线与杆塔之间，以及导线对大地和交叉跨越物之间有足够的安全距离。

A. 扒杆；　　B. 杆塔；　　C. 撑杆；　　D. 塔吊。

答案：B。

19.（　　）用在线路首末的两终端处，是耐张杆的一种，正常情况下除承受导线的重量和水平风力荷载外，还要承受顺线路方向导线全部拉力的合力。

A. 末梢杆；　　B. 中继杆；　　C. 受电杆；　　D. 终端杆。

答案：D。

20.（　　）依靠自身重量和填土方的总合力来承受拉线的上拔力，以保持杆塔的平衡。

A. 底盘；　　B. 卡拉盘；　　C. 拉线盘；　　D. 卡盘。

答案：C。

21.（　　）是充分利用钢绞线的机械强度高和铝的导电性能好的特点，把这两种金属线结合起来而形成。

A. 钢芯铜绞线；　　B. 钢芯铝绞线；　　C. 钢芯复绞线；　　D. 钢芯合金绞线。

答案：B。

22.（　　）用于支持绝缘子、导线及柱上配电设备、保护导线间有足够的安全距离。

A. 横木；　　B. 横担；　　C. 铁担；　　D. 横梁。

答案：B。

23. 在架空配电线路中，用于连接、紧固导线的金属器具，具备导电、承载、固定的金属构件，统称为（　　）。

A. 紧固件；　　B. 夹具；　　C. 连接件；　　D. 金具。

答案：D。

24. 在城镇郊区的配电线路连续直线杆超过10基时，宜适当装设（　　）拉线。

A. 防断；　　B. 防撞；　　C. 防风；　　D. 防盗。

答案：C。

25. 在导体表面加一层半导电材料的屏蔽层，它与被屏蔽的导体等电位，并与绝缘层良好接触，从而可避免在导体与绝缘层之间发生局部放电，这层屏蔽又称为（　　）。

A. 外屏蔽层；　　B. 内屏蔽层；　　C. 主屏蔽层；　　D. 次屏蔽层。

答案：B。

26. 电缆的（　　）又由内衬层、铠装层和外被层组成。

A. 防护层；　　B. 外护层；　　C. 内护层；　　D. 加固层。

答案：B。

27. 电缆的（　　）的作用是阻止水分、潮气及其他有害物质侵入绝缘层，以确保绝缘层性能不变。

A. 外护套；　　B. 内护套；　　C. 防护套；　　D. 密闭套。

答案：B。

28. （　　）是电缆具备必需的机械强度。

A. 金属层；　　B. 防护层；　　C. 外护套；　　D. 铠装层。

答案：D。

29. 电缆的（　　）主要是用于保护铠装层或金属护套免受化学腐蚀及其他环境损害。

A. 外护套；　　B. 外接层；　　C. 外被层；　　D. 外护层。

答案：C。

30. 电缆分支箱的主要作用是将电缆（　　）或转接。

A. 连接；　　B. 分送；　　C. 分接；　　D. 分配。

答案：C。

31. 根据经验在（　　）m 以上的电缆线路上，如果电缆中间有多个中间接头，为了确保安全，会在其中考虑电缆分支箱进行转接。

A. 500；　　B. 1000；　　C. 1500；　　D. 2000。

答案：B。

32. 随着技术的进步，出现了（　　）负荷开关分断的电缆分支箱，可实现环网柜的功能，而且价格又低于环网柜，在户外起到代替开关站的重要作用。

A. 空气绝缘；　　B. 真空；　　C. SF_6；　　D. 固体绝缘。

答案：C。

33. 氧化锌避雷器阀片具有优异的（　　）电压—电流特性，高电压导通，而低电压不导通，不需要串联间隙，可避免传统避雷器因火花间隙放电特性变化而带来的缺点。

A. 线性；　　B. 非线性；　　C. 纯阻性；　　D. 纯容性。

答案：B。

34. 氧化锌避雷器在冲击过电压下动作后，没有（　　）通过，故不存在灭弧问题。

A. 工频电流；　　B. 工频续压；　　C. 工频辐射；　　D. 工频续流。

答案：D。

35. 柱上断路器能够关合、承载和开断正常回路条件下电流，并能关合、在（　　）的时间内承载和开断异常回路条件（如短路）下的电流的机械开关设备。

A. 约定； B. 规定； C. 锁定； D. 要求。

答案：B。

36. 柱上隔离开关主要用于隔离电路，分闸状态有明显（ ），便于线路检修、重构运行方式、有三极联动、单极操作两种形式。

A. 开口； B. 缺口； C. 闭合； D. 断口。

答案：D。

37. 六氟化硫（SF_6）负荷开关的特点：使用寿命长；开关触头免维护；电气寿命长；（ ）；操作简单安全。

A. 操作过电压高； B. 大气过电压高； C. 操作过电压低； D. 大气过电压低。

答案：C。

38. 压气式负荷开关的导电部件和灭弧部件是分开设置的，动触头的内部有一个静止不动的活塞，当动触头向下快速做分闸运动时，动触头内部被压缩的空气从绝缘喷口中高速喷出，猛烈吹向电弧，使电弧（ ）熄灭。

A. 多点； B. 过零； C. 零点； D. 全部。

答案：B。

39. 配电变压器中性点接地属（ ）。

A. 保护接地； B. 防雷接地； C. 工作接地； D. 过电压保护接地。

答案：C。

40. 双杆式配电变压器台架适用于容量在（ ）kVA 时及以下变压器安装。

A. 800； B. 630； C. 500； D. 400。

答案：D。

41. （ ）变压器采用 Dyn11 联结组别，最突出的特点是比硅钢片铁芯变压器的空载损耗和空载电流降低很多，它的空载损耗比传统的硅钢铁芯的变压器要降低 60%～80%，CO_2、SO_2 排放量大大减少，具有明显的节能和环保效果。

A. 非晶合金； B. 干式； C. 特种； D. 植物油绝缘。

答案：A。

42. （ ）干式变压器用环氧树脂或其他树脂浇注作为主绝缘，它结构简单、体积小，适用于较小容量的变压器。

A. 开启式； B. 封闭式； C. 浇注式； D. 全包封。

答案：C。

43. 氧化锌避雷器保护水平只由氧化锌阀片的（　　）决定，避免了间隙放电特性变化的影响。

A. 残压；　　B. 残流；　　C. 峰值；　　D. 陡波。

答案：A。

44. 10kV 架空线路一般不装避雷线，但特殊地段需装避雷线时，混凝土电杆都要按设计要求做（　　）处理。

A. 泄流；　　B. 接零；　　C. 放电；　　D. 接地。

答案：D。

45. 电杆上装设柱上断路器或电缆头时，需要装设避雷器来保护，设备的金属外壳和避雷器（　　）接地。

A. 共同；　　B. 逐点；　　C. 分别；　　D. 单个。

答案：A。

46. 避雷器等防雷设备的接地引下线要用圆钢或扁钢，应防止连接处锈蚀和地下部分锈蚀（　　）。

A. 短路；　　B. 开路；　　C. 腐蚀；　　D. 腐烂。

答案：B。

47. 配电变压器采用 Yy0 接线时，宜在低压侧装设一组（　　）避雷器。

A. 阀型；　　B. 金属氧化物；　　C. 加强型；　　D. 自脱扣型。

答案：B。

48. 为防止雷击损坏事故，对柱上变压器低压计量配电箱出线处应装设一组（　　）作为防雷措施。

A. 低压避雷器；　　B. 低压熔断器；　　C. 低压保护器；　　D. 低压脱扣器。

答案：A。

49. 电力电缆为了防止外力损坏还必须有铠装和（　　）等。

A. 警示；　　B. 护套；　　C. 标示；　　D. 埋深。

答案：B。

50. 三芯电缆中间接头应选用（　　）接头。

A. 接续；　　B. 连续；　　C. 绕包；　　D. 直通。

答案：D。

51.（　　）敷设适用于电缆数量较少、敷设距离短（不宜超过 50m）、地面荷载比较小、地下管网比较简单、不易经常开挖和没有腐蚀土壤的地段，不适用于城市核心区域及向重要用户供电的电缆。

A. 直埋；　　B. 排管；　　C. 沟道；　　D. 隧道。

答案：A。

52. 10kV（　　）熔断器可装在杆上变压器高压侧、互感器和电容器与线路连接处，提供过载和短路保护。

A. 高压；　　B. 撞针式；　　C. 专用；　　D. 跌落式。

答案：D。

53. 环网单元也称环网柜或开闭器，用于中压电缆线路分段、联络及（　　）负荷。

A. 分接；　　B. 扩增；　　C. 区分；　　D. 断接。

答案：A。

54. 六氟化硫（SF_6）负荷开关环网柜，其中一类是共气室式，是指多台六氟化硫（SF_6）负荷开关共用一个六氟化硫（SF_6）气室，设计时可通过（　　）进行组合。

A. 灵活接线；　　B. 模块式；　　C. 自由匹配；　　D. 端接式。

答案：B。

55. 10kV（　　）又称开关站，是城市配电网的重要组成部分。它的主要作用是加强配网的联络控制，提高配电网供电的灵活性和可靠性，是电缆线路的联络和支线节点，同时还具备变电站 10kV 母线的延伸作用。

A. 变电站；　　B. 配电房；　　C. 开闭所；　　D. 配电室。

答案：C。

56. 开闭所按其在电网中的功能，又可分为环网型开闭所和（　　）开闭所两种。

A. 终端型；　　B. 放射型；　　C. 树干型；　　D. 链路性。

答案：A。

57. 开闭所采用单母线接线方式一般有（　　）路 10kV 电源进线间隔，若干路出线间隔。

A. 1；　　B. 1～2；　　C. 2；　　D. 2～3。

答案：B。

58.（　　）一般配置双路电源，10kV 侧一般采用环网开关，220/380 伏侧为单母线分段接线。变压器联结组别一般采用 Dyn11，单台容量不宜超过 1000kVA。

A. 开闭所；　　B. 配电室；　　C. 开关站；　　D. 环网单元。

答案：B。

59.（　　）主要用于将变压器内部绕组的高、低压引线与电力系统或用电设备进行电气连接，并保证引线对地绝缘。

A. 连杆； B. 导杆； C. 瓷套； D. 套管。
答案：D。

60. 有载分接开关是在变压器不中断运行的带电状态下进行（　　）的装置。
A. 换压； B. 调压； C. 调容； D. 换流。
答案：B。

61. 变压器负载损耗的大小取决于绕组的材质等，运行中的负载损耗大小随（　　）的变化而变化。
A. 电压； B. 电源； C. 负荷； D. 功率。
答案：C。

62. 电气设备分为高压和低压两种，电压等级在（　　）称为高压。
A. 1000V以上者； B. 1000V以下者；
C. 400V及以上者； D. 220V以上者。
答案：A。

63. 线路转弯处应设（　　）。
A. 转角杆； B. 直线杆； C. 耐张杆； D. 分支杆。
答案：A。

64. 在正常工作条件下能够承受线路导线的垂直和水平荷载，但不能承受线路方向导线张力的电杆叫（　　）杆。
A. 耐张； B. 直线； C. 转角； D. 分支。
答案：B。

65. 空载损耗主要为铁芯中磁滞损耗和（　　）损耗。
A. 功率； B. 涡流； C. 无功； D. 漏磁。
答案：B。

66. 干式变压器冷却方式分为自然空气冷却（AN）和（　　）空气冷却（AF）。
A. 对流； B. 循环； C. 强迫； D. 强制。
答案：C。

67. 根据使用环境特征及防护要求，干式变压器可选择不同的（　　）。
A. 外壳； B. 围栏； C. 标准； D. 基础。
答案：A。

68. 无间隙氧化锌避雷器的额定电压为系统施加到其两端子间的最大允许工频电压有效

值，它不等于系统的（　　）。

A. 标称电压；　　B. 额定电压；　　C. 稳态电压；　　D. 操作过电压。

答案：A。

69. 开闭所一般都有来自不同变电站或同一变电站不同 10kV 母线的两路或多路（　　）的可靠电源，能为用户提供双电源，以确保重要用户的可靠供电。

A. 相互联络；　　B. 相互独立；　　C. 同方向；　　D. 互供。

答案：B。

70. 一般情况下要求开闭所尽量不要将开闭所设置在大楼的（　　）内。

A. 地下室；　　B. 附房；　　C. 地上共建物；　　D. 单独建筑物。

答案：A。

71. 目前最常用的电缆终端类型有热缩型、冷缩型，在使用上根据安装位置、（　　）等因素进行相应选择。

A. 工作习惯；　　B. 现场环境；　　C. 施工惯例；　　D. 熟悉程度。

答案：B。

72. 配电室为防止侵入（　　），应在每一路进（出）线及每一段母线上安装避雷器。

A. 雷电波；　　B. 中级波；　　C. 瞬时过电压；　　D. 操作过电压。

答案：A。

73. 对于 35kV 及以下电压等级的电力电缆，基本上应采取在电缆终端头附近安装避雷器，同时终端头金属屏蔽、（　　）必须接地良好。

A. 断口；　　B. 端部；　　C. 外壳；　　D. 铠装。

答案：D。

74. 常用电缆分支箱分为美式电缆分支箱和（　　）电缆分支箱。

A. 法式；　　B. 欧式；　　C. 中式；　　D. 苏式。

答案：B。

75. 开闭所终端型单母线接线方式有（　　）路 10kV 电源进线间隔。

A. 1；　　B. 1～2；　　C. 2；　　D. 2～3。

答案：A。

76. 在正常工作条件下能够承受线路导线的垂直和水平荷载，但不能承受线路方向导线张力的电杆叫（　　）杆。

A. 耐张；　　B. 直线；　　C. 转角；　　D. 分支。

答案：B。

77. 跌落式熔断器控制的变压器，在停电前应（　　）。
A. 通知用户将负荷切除；　　B. 先拉开隔离开关；
C. 先断开跌落式熔断器；　　D. 先拉开低压总开关。
答案：D。

78. 隔离开关是配电装置中最简单和应用最广泛的电器，它主要用于（　　）。
A. 切断额定电流；　　B. 停电时有明显的断开点；
C. 断短路电流；　　D. 切断过载电流。
答案：B。

79. 运行变压器所加一次电压不应超过相应分接头电压值的（　　），最大负荷不应超过变压器额定容量（特殊情况除外）。
A. 115%；　　B. 110%；　　C. 105%；　　D. 100%。
答案：C。

80. 铝绞线、钢芯铝绞线在正常运行时，最高温度不应超过（　　）。
A. 60℃；　　B. 70℃；　　C. 80℃；　　D. 90℃。
答案：B。

81. 线路绝缘子上刷硅油或防尘剂是为了（　　）。
A. 增加强度；　　B. 延长使用寿命；
C. 防止绝缘子闪络；　　D. 防止绝缘子破裂。
答案：C。

82. 能够在回路正常条件下关合、承载和开断电流，以及在规定的异常回路条件下在规定的时间内承载电流开关装置叫（　　）。
A. 负荷开关；　　B. 断路器；　　C. 隔离开关；　　D. 重合器。
答案：A。

83. 钢芯铝绞线的代号表示为（　　）。
A. GJ；　　B. LGJ；　　C. LGJQ；　　D. LGJJ。
答案：B。

84. 配电装置中，代表A相相位色为（　　）。
A. 红色；　　B. 黄色；　　C. 淡蓝色；　　D. 绿色。
答案：B。

85. 高压电力电缆中，保护电缆不受外界杂质和水分的侵入防止外力直接损坏电缆的为（　　）。
A. 线芯（导体）；　　B. 绝缘层；　　C. 屏蔽层；　　D. 保护层。

答案：D。

86. 操作柱上断路器时，应注意（　　），防止伤人。
A. 断路器是否处在合闸位置；　　B. 断路是否处在分闸位置；
C. 断路器爆炸；　　D. 高空坠物。
答案：C。

87. 真空断路器真空的作用是（　　）。
A. 绝缘；　　B. 灭弧；　　C. 降低压力；　　D. 绝缘和灭弧。
答案：D。

88. 在有风时，拉开跌落式熔断器的操作，应按（　　）顺序进行。
A. 先下风相、后上风相；　　B. 先中间相，后两边相；
C. 先上风相，后下风相；　　D. 先中间相，继下风相，后上风相。
答案：D。

89. 任何单位和个人需要在依法划定的电力设施保护区内进行可能危及电力设施安全的作业时，应当经（　　）批准并采取安全措施后，方可进行作业。
A. 公安部门；　　B. 当地政府；　　C. 电力管理部门；　　D. 安全监督部门。
答案：C。

90. 电力管理部门应当按照国务院有关电力设施保护的规定，对电力设施保护区设立（　　）。
A. 标志；　　B. 围栏；　　C. 专门机构；　　D. 检查站。
答案：A。

91. 遇有电气设备着火时，应立即（　　）进行救火。
A. 将有关设备电源切断；　　B. 用干式灭火器灭火；
C. 联系调度停电；　　D. 用 1211 型灭火器灭火。
答案：A。

92. 断路器采用多断口是为了（　　）。
A. 提高遮断灭弧能力；　　B. 提高绝缘；
C. 提高分合闸速度；　　D. 使各断口均压。
答案：A。

93. 断路器的跳闸辅助触点应在（　　）接通。
A. 合闸过程中，合闸辅助触点断开后；　　B. 合闸过程中，动静触头接触前；
C. 合闸过程中；　　D. 合闸终结后。
答案：B。

94. 断路器“控制回路断线”信号是利用（　　）实现的。

A. 合闸位置和分闸位置继电器同时得电；　B. 断路器常开、常闭辅助触点同时闭合；

C. 合闸位置和分闸位置继电器同时失电；　D. 断路器常开、常闭辅助触点同时打合。

答案：C。

二、多选题

1. 环网柜适用于接近负荷中心，利于用户接入，并充分考虑（　　）等要求的开关站或箱式开闭所内。

A. 防下沉；　B. 防潮；　C. 防洪；　D. 防污秽。

答案：BCD。

2. 真空负荷开关环网柜的联锁装置：真空负荷开关环网柜内负荷开关、隔离开关、（　　）、隔板之间设有联锁装置。

A. 接地联络；　B. 接地开关；　C. 柜门；　D. 门锁。

答案：BC。

3. 变压器的绕组标号 Yd11 表示（　　）。

A. 变压器高压侧绕组为星形接法；

B. 变压器高压侧绕组为三角形接法；

C. 变压器高压绕组线电压超前低压绕组相对应线电压 30°；

D. 变压器高压绕组线电压滞后低压绕组相对应线电压 30°。

答案：AD。

4. 柱上配电开关安装在户外 10kV 架空线路上，按性能来区分为断路器、（　　）、隔离开关等。

A. 负荷开关；　B. 联动开关；　C. 重合开关；　D. 重合器。

答案：AD。

5. 柱上负荷开关/断路器适用于 10kV 架空配电网或架空电缆混合网的任一种接地系统的（　　）、多分段多联络线路，与配电终端配套可实现相应自动化功能。

A. 单链路；　B. 单区域；　C. 单辐射；　D. 单环网。

答案：CD。

6. 常用裸导线包括裸铝导线、裸铜导线、（　　）、铝合金绞线五种。

A. 钢芯铜绞线；　B. 钢芯铝绞线；　C. 镀锌钢绞线；　D. 镀锌铝绞线。

答案：BC。

7. 我国电力电缆产品的编制原则一般由有关汉字的汉语拼音字母的第一个大写字母表示电力电缆的类别特征、（　　）及其他特征。

A. 导体材料；　　B. 绝缘种类；　　C. 内护层材料；　　D. 填充材料。

答案：ABC。

8. 环网柜主要有（　　）等类型。

A. 六氟化硫（SF_6）负荷开关环网柜；　　B. 真空负荷开关环网柜；

C. 真空断路器开关环网柜；　　D. 惰性气体开关柜。

答案：ABC。

9. 环氧树脂干式变压器机械强度高；具有较好的过负荷运行能力；具有（　　），体积小、质量轻，安装简单，可免去日常维护工作等优点。

A. 难燃性；　　B. 自熄性；　　C. 电能损耗低；　　D. 噪声低。

答案：ABCD。

10. 气体绝缘干式变压器室在密封的箱壳内充以六氟化硫（SF_6）气体代替绝缘油，利用六氟化硫气体作为变压器的绝缘介质和冷却介质，它具有（　　），绝缘性能好，防潮性能好，运行可靠性高，维修简单等优点。

A. 防污秽；　　B. 防火；　　C. 防爆；　　D. 无燃烧危险。

答案：BCD。

11. 干式变压器的过载能力与环境温度、（　　）等有关，可根据生产厂家关于干式变压器的过负荷曲线确定。

A. 过载前的负载情况；　　B. 过载后的负载情况；

C. 变压器的绝缘散热情况；　　D. 发热时间常数。

答案：ACD。

12. 干式配电变压器承受热冲击能力强、（　　）、对湿度，灰尘不敏感等优势，造就了其广泛的适应性。

A. 过负载能力大；　　B. 难燃；　　C. 防火性能高；　　D. 散热强。

答案：ABC。

13. 冲击电流残压包括陡波冲击电流残压、（　　）。

A. 雷击冲击电流残压；　　B. 雷击冲击瞬间残压；

C. 操作冲击电流残压；　　D. 操作冲击瞬间残压。

答案：AC。

14. 电力线路的防雷方式，应根据线路的电压等级、负荷性质、（　　）、土壤电阻率的高低条件，通过经济技术比较确定。

A. 系统运行方式；　　B. 当地原有线路的运行经验；

C. 雷电活动的强弱；　　D. 地形地貌的特点。

答案：ABCD。

15. 杆塔是支承架空线路导线，并使（　　），以及导线对大地和交叉跨越物之间有足够的安全距离。

A. 导线与导线之间；　　B. 上导线与落物之间；
C. 导线与杆塔之间；　　D. 导线与支撑物之间。

答案：AC。

16. 横担用于支持绝缘子、（　　）有足够的安全距离。

A. 线夹与线路之间；　　B. 导线及柱上配电设备；
C. 保护导线间；　　D. 绝缘子与金具。

答案：BC。

17. 在架空配电线路中，用于连接、紧固导线的金属器具，具备（　　）的金属构件，统称为金具。

A. 导电；　　B. 承载；　　C. 固定；　　D. 联络。

答案：ABC。

18. 柱上隔离开关主要用于隔离电路，分闸状态有明显断口，便于（　　）、有三极联动、单极操作两种形式。

A. 线路接地；　　B. 线路检修；　　C. 重构运行方式；　　D. 切断故障电流。

答案：BC。

19. 在开关站中使用的六氟化硫（SF_6）负荷开关大多数为三工位负荷开关，配有一副三相旋转式触头，通过旋转，可分别处于（　　）等位置，三相旋转式触头被装入一个充满六氟化硫（SF_6）气体的气室内。

A. 触头闭合；　　B. 触头闭锁；　　C. 触头断开；　　D. 触头接地。

答案：ACD。

20. 负荷开关—熔断器组合开关柜除能开断正常的负荷电流外，还具有保护功能，即当线路发生（　　）时，引起熔断器一相或多相熔体熔断，在熔体熔断的瞬间触发负荷开关跳闸，从而切断故障电流，隔离故障点。

A. 断电；　　B. 短路故障；　　C. 过负荷；　　D. 停电。

答案：BC。

21. 电缆 U_0/U 的划分与选择，实际是根据电网的（　　）等因素来选择电缆绝缘的厚度。

A. 运行情况；　　B. 超载电流；
C. 中性点接地方式；　　D. 故障切除时间。

答案：ACD。

22. 10kV 跌落式熔断器可装在杆上变压器高压侧、（　　）与线路连接处，提供过载和短路保护。

A. 负荷开关；　　B. 互感器；　　C. 电容器；　　D. 断路器。

答案：BC。

23. 单相配电方式在负荷密度低、负荷分散等条件下具有一定优势，（　　）情况可考虑采用单相配电方式。

A. 用户分散或者呈团簇式分布区域，地形狭窄或狭长的区域；

B. 纯单相负荷的农村居住区；

C. 城镇低压供电系统需改造的老旧居住区；

D. 单相供电的公共设施负荷，如路灯及其他一些具有特别条件的区域。

答案：ABCD。

24. 六氟化硫（SF_6）负荷开关环网柜的连锁机构正确概述为（　　）。

A. 柜门关上，开关离开接地位置后，方可进行合闸操作；

B. 开关分闸后才能接地；

C. 开关接地后，才能打开柜门；

D. 打开柜门，开关在分闸位置后，才能操作接地开关做试验。

答案：ABC。

25. 10kV 开闭所单母线分段联络接线方式的优点为（　　）。

A. 任一路电源检修或故障时，都不会对用户停电；

B. 不够灵活可靠，母线或进线开关故障或检修时，均可能造成整个开闭所停电；

C. 运行方式灵活，供电可靠性高；

D. 在一个开闭所内可为重要用户提供双电源。

答案：ACD。

26. 各类用户受电电压允许偏差的规定，正确的是（　　）。

A. 35kV 及以上供电电压正、负偏差的绝对值之和不超过标称电压的±10%；

B. 10kV 及以下三相供电电压允许偏差为标称电压的±7%；

C. 220V 单相供电电压允许偏差为标称电压的+7%～−10%；

D. 在电力系统正常情况下，客户受电端的电压最大允许偏差不应超过额定值的±10%。

答案：BC。

27. 低压架空电力线路可以采用（　　）线。

A. 钢芯铝绞线；　　B. 铝合金绞线；　　C. 镀锌钢绞线；　　D. 绝缘导线。

答案：ABD。

28. 一级负荷是指突然停电将会造成（　　）。

A. 人身伤亡；
B. 在经济上造成重大损失；
C. 政治上造成重大不良影响、公共秩序严重混乱；
D. 造成环境严重污染。
答案：ABCD。

29. 负荷开关的特点有（　　）。
A. 能在正常的导电回路条件下关合、承载和开断电流；
B. 能在异常的导电回路条件（例如短路）下按规定的时间承载电流；
C. 能在规定的过载条件下关合、承载和开断电流；
D. 能在异常的导电回路条件（例如短路）切断故障电流。
答案：ABC。

三、判断题

1. 电缆载流量是电力电缆在最高允许工作温度下，电缆导体允许通过的额定电流。
答案：错误。

2. 对于有联络（含开关站站间联络）的线路，主干线首端为变电站的10kV出线开关，末端为联络开关。主干线含开关站的出线。
答案：错误。

3. 供电安全水平是指配电网在运行中承受故障扰动的能力，其评价标准是某种停运条件下的供电恢复容量和供电恢复时间。
答案：正确。

4. 供电可靠性指标主要包括用户用电质量、用户年平均用电时间、用户年平均停电时间、用户年平均停电次数。
答案：错误。

5. 供电可靠性是指配电网向用户持续供电的能力。
答案：正确。

6. 35kV架空网宜采用中性点经消弧线圈接地方式；35kV电缆网宜采用中性点经高电阻接地方式。
答案：错误。

7. 中压配电网结构主要有：链式、双环式、单环式、多分段适度联络和辐射状结构。
答案：错误。

8. 线路的转供能力与变压器容量裕度无关。

答案：错误。

9. 同一地区同类供电区域的电网结构应尽量统一。

答案：正确。

10. 10kV 及以下三相供电电压允许偏差为额定电压的±10%。

答案：错误。

11. 中性点接地方式一般可分为直接接地方式和不接地方式两大类。

答案：错误。

12. 10kV 及以下线路的供电半径指从变电站（配电变压器）低压侧出线到其供电的最远负荷点之间的线路长度。

答案：正确。

13. 钢筋混凝土杆按其制造工艺可分为普通型钢筋混凝土杆和预应力钢筋混凝土杆两种。

答案：正确。

14. 转角杆在线路方向需要改变的转角处，正常情况下除承受导线等垂直载荷和内角平分线方向的水平风力荷载外，还要承受内角平分线方向导线全部拉力的合力。

答案：正确。

15. 跨越杆用在跨越公路、铁路、河流和其他电力线等大跨越的地方。

答案：正确。

16. 杆塔的基础起着支撑塔杆全部荷载的作用，并保证杆塔在受外力作用时不发生倾倒或变形。杆塔基础包括电杆基础和铁塔基础。

答案：正确。

17. 配电线路的导线包括常用裸导线、绝缘导线和半绝缘导线。

答案：错误。

18. 镀锌钢绞线机械强度高，但是导电性能及抗腐蚀性能差，可用作电力线路导线。

答案：错误。

19. 铁横担一般采用不等边角钢制成，要求热镀锌、锌层不小于 60μm，因其为型钢，造价较低，并便于加工，所以使用最为广泛。

答案：错误。

20. 绝缘子按照材质分为瓷绝缘子、玻璃绝缘子和合成绝缘子三种。

答案：正确。

21. 在土质松软的地区，为了避免线路受强大风力荷载破坏影响，增加电杆的稳定性，在线路的直线上一般每隔 10～15 根电杆需装设防风拉线。

答案：错误。

22. 电缆绝缘层具有承受电网电压的功能，将导体（线芯）与大地以及不同相的导体（线芯）间在电气上彼此隔离，从而保证电能输送。

答案：正确。

23. 在绝缘层表面加一层半导电材料的屏蔽层，它与被屏蔽的绝缘层有良好接触，与金属护套等电位，从而可避免在绝缘层与护套之间发生局部放电。这层屏蔽又成为外屏蔽层。

答案：正确。

24. 护层的作用是保证电缆能够适应各种使用环境的要求，使电缆绝缘层在敷设和运行过程中免受机械或各种环境因素损坏，以长期保持稳定的电气性能。

答案：正确。

25. 中压电缆的额定电压 U 介于 10～35kV 之间。

答案：错误。

26. 跌落式熔断器的主要作用是控制和保护。

答案：正确。

27. 电缆的最高允许温度，主要取决于所用绝缘材料热老化性能。

答案：正确。

28. 排管敷设一般适用于城市道路边人行道下、电缆与各种道路交叉处、广场区域及小区内电缆条数较多、敷设距离长等地段。

答案：正确。

29. 常用电缆分支箱分为美式电缆分支箱和欧式电缆分支箱。

答案：正确。

30. 负荷开关是介于断路器和隔离开关之间的一种断路器电器，具有简单的灭弧装置，能切断额定负荷电流和一定的过载电流，也能切断规定值内的故障电流。

答案：错误。

31. 负荷开关与高压熔断器串联形成负荷开关和熔断器的组合电器，用负荷开关切断负荷电流，用熔断器切断短路电流及过载电流，在功率不大或不太重要的场所，可代替价格昂贵的断路器使用，可降低配电装置的成本，而且其操作和维护也较简单。

答案：正确。

32. 配电室主要为低压用户配送电能，设有中压进线（可有少量出线）、配电变压器和低压配电装置，带有低压负荷的户内配电场所。

答案：正确。

33. 空载损耗也叫铜损，指当以额定频率的额定电压施加于一侧绕组的端子上，另一侧绕组出线开路时，变压器所吸取的有功功率，用 P_0 表示，单位为瓦（W）或千瓦（kW）。

答案：错误。

34. 对于 35kV 及以下电压等级的电力电缆，基本上应采取在电缆终端头附近安装避雷器，同时终端头金属屏蔽、铠装必须接地良好。

答案：正确。

35. 10kV 配电网绝缘水平较低，雷击架空地线后易造成直击闪络，会发生工频续流烧断绝缘导线。

答案：错误。

36. 经常开路运行而又带电的柱上断路器、负荷开关或隔离开关，应在带电侧（联络开关应两侧）装设避雷器，其接地线应与柱上断路器等的金属外壳连接，且接地电阻不应超过50Ω。

答案：错误。

37. 配电室为防止侵入雷电波，应在每一路进（出）线及每一段母线上安装避雷器。

答案：正确。

38. 耐张杆主要承受导线或架空线地线的垂直张力，同时将线路分隔成若干耐张段（耐张段长度一般不超过 2km），以便于线路的施工和检修，并可在事故情况下限制倒杆断线的范围。

答案：错误。

39. 按电缆的绝缘材料分类不同，可分为油纸绝缘电缆、挤包绝缘电缆和压力电缆三大类。

答案：正确。

40. 目前最常用的终端类型有热缩型、冷缩型，在使用上根据安装位置、现场环境等因素进行相应选择。

答案：正确。

41. 电缆的额定电压 U_0/U，其中 U_0 是指设计时采用的电缆任一导体与金属护套之间的额定工频电压。U 是指设计时采用的电缆任两个导体之间的额定冲击电压。

答案：错误。

42. 变压器着火时，可采用泡沫灭火剂灭火。

答案：错误。

43. 六氟化硫（SF_6）负荷开关环网柜，其中一类是共气室式，一个六氟化硫（SF_6）气室最多可有 5～10 个单元。

答案：错误。

44. 开闭所一般都有来自不同变电站或同一变电站不同 10kV 母线的两路或多路相互独立的可靠电源，能为用户提供双电源，以确保重要用户的可靠供电。

答案：正确。

45. 一般情况下要求开闭所设置在单独的建筑物中，或附设在建筑物一楼的群房中。尽量不要将开闭所设置在大楼的地下室内。

答案：正确。

46. 开闭所电源进线间隔根据需要可选用断路器型开关柜或负荷开关型开关柜；用户出线柜根据需要可选用断路器型开关柜或负荷开关—熔断器组合型开关柜。

答案：正确。

47. 配电室一般配置双路电源，10kV 侧一般采用环网开关，220/380V 侧为单母线分段接线。变压器联结组别一般采用 Dyn11，单台容量不宜超过 800kVA。

答案：错误。

48. 无励磁调压装置是在变压器带电条件下切换绕组中线圈抽头以实现调压的装置。

答案：错误。

49. 开闭所单母线接线方式，不够灵活可靠，母线或进线开关故障或检修时，均可能造成整个开闭所停电。

答案：正确。

50. 开闭所具有变电站 10kV 母线延伸功能，对电能进行降压后二次分配，能方便地为周围用户提供供电电源。

答案：错误。

51. 配电室一般独立建设。受条件所限必须进楼时，可设置在地下一层，但不宜设置在最底层。

答案：正确。

52. 箱式变电站以自然风循环冷却为主。

答案：正确。

53. 更换无开断能力的箱式变电站高压熔断器，必须将变压器停电，操作时要正确解除机械联锁，并使用绝缘操作杆。

答案：正确。

54. 箱式变电站低压断路器跳闸后，无需查明原因立即送电，提高供电可靠性。

答案：错误。

55. 无间隙氧化锌避雷器的额定电压为系统施加到其两端子间的最大允许工频电压有效值，它等于系统的标称电压。

答案：错误。

56. 箱式变电站是指将高低压开关设备和变压器共同安装于一个封闭箱体内的户外配电装置。

答案：正确。

第三章　配电网调控运行

一、单选题

1. 新建线路投运时，用老断路器对新线路冲击（　　）次，冲击侧应有可靠的两级保护。

A. 一；　B. 二；　C. 三；　D. 四。

答案：C。

2. 新母线投运时，用外来（或本侧）电源对母线冲击（　　）次，冲击侧应有可靠的一级保护。

A. 一；　B. 二；　C. 三；　D. 四。

答案：A。

3. 小电流接地系统单相接地时，故障线路的零序电流为（　　）。

A. 本线路的接地电容电流；　B. 所有线路的接地电容电流之和；

C. 所有非故障线路的接地电容电流之和；　D. 以上都有可能。

答案：C。

4. 断路器停役时，必须按照（　　）的顺序操作，送电时相反。

A. 断路器、负荷侧隔离开关、母线侧隔离开关；

B. 断路器、母线侧隔离开关、负荷侧隔离开关；

C. 负荷侧隔离开关、母线侧隔离开关、断路器；

D. 母线侧隔离开关、负荷侧隔离开关、断路器。

答案：A。

5. 线路检修需要线路隔离开关及线路高抗高压侧隔离开关拉开，线路电压互感器低压侧（　　），并在线路出线端合上接地隔离开关（或挂好接地线）。

A. 断开；　B. 合入；　C. 短路；　D. 无要求。

答案：A。

6. 线路故障跳闸后运检中心经查未发现问题，调度可试送（　　）。

A. 1 次；　B. 2 次；　C. 3 次；　D. 不可以试送。

答案：A。

7. 线路故障时，线路断路器未断开，此时（　　）。

A. 应将该断路器隔离；

B. 可对该断路器试送一次；
C. 检查二次设备无问题后可以试送；
D. 用母联断路器串带方式对断路器试送。
答案：A。

8. 线路保护装置应设置重合闸充电完成状态指示，应支持以（　　）形式上送。
A. 遥控；　B. 遥信；　C. 遥调；　D. 遥测。
答案：B。

9. 在线路故障跳闸后，调控员下达巡线指令时，应明确是否为（　　）
A. 紧急巡线；　B. 故障巡线；　C. 带电巡线；　D. 全线巡线。
答案：C。

10. 下面哪项不是电力系统产生工频过电压的原因？（　　）
A. 空载长线路的电容效应；　B. 不对称短路引起的非故障相电压升高；
C. 切除空载线路引起的过电压；　D. 甩负荷引起的工频电压升高。
答案：C。

11. 下列哪些操作必须填写操作票？（　　）
A. 合上全站仅有的一把接地闸刀；　B. 拉、合断路器的单一操作；
C. 投、切电容器的单一操作；　D. 拉、合电抗器的单一操作。
答案：A。

12. 下列不属于应对变电站相关区域或设备开展特殊监视的是（　　）。
A. 新设备试运行期间；　B. 设备重载或接近稳定限额运行时；
C. 电网处于特殊运行方式时；　D. 变电站设备有缺陷时。
答案：D。

13. 系统运行时的频率是通过系统的（　　）来调节。
A. 发电机；　B. 负荷；　C. 有功；　D. 无功。
答案：C。

14. 系统运行时的电压是通过系统的（　　）来调节。
A. 变压器；　B. 高抗；　C. 有功；　D. 无功。
答案：D。

15. 系统负荷高峰时，升高电压，低谷时降低电压是（　　）。
A. 顺调压；　B. 逆调压；　C. 常调压；　D. 恒调压。
答案：B。

16. 紧急（危急）缺陷消除时间不得超过 24h，重大（严重）缺陷应在（　　）内消除。
A. 7 天；　　B. 15 天；　　C. 一个月；　　D. 三个月。
答案：A。

17. 事故处理的一般原则有（　　）。
A. 迅速限制事故发展，消除事故根源，解除对人身、设备和电网安全的威胁；
B. 用一切可能的方法保持正常设备的运行和对重要用户及厂用电的正常供电；
C. 尽快对已停电的客户恢复送电，对重要客户应优先恢复供电；
D. 以上都是。
答案：D。

18. 涉及两个以上单位的配合操作或需要根据前一项操作后对电网产生的影响才能决定下一项操作的，必须使用（　　）。
A. 即时指令；　　B. 逐项指令；　　C. 综合指令；　　D. 口令。
答案：B。

19. 三道防线是对（　　）方面提出的要求。
A. 电网发生事故时保持对重要用户可靠供电；
B. 电网发生故障时快速保护、近后备保护和远后备保护可靠切除故障；
C. 电网发生多重故障时继电保护能可靠切除故障；
D. 电力系统受到不同扰动时电网保持稳定可靠供电。
答案：D。

20. 全线敷设电缆的配电线路，一般不装设自动重合闸，原因是（　　）。
A. 电缆线路故障几率少；　　B. 电缆线路故障多系永久性故障；
C. 电缆线路故障后无法实现重合；　　D. 电缆配电线路是低压线路。
答案：B。

21. 强送的定义为（　　）。
A. 设备带标准电压但不接带负荷；　　B. 对设备充电并带负荷；
C. 设备因故障跳闸后，未经检查即送电；　　D. 设备因故障跳闸后经初步检查后再送电。
答案：C。

22. 母线、变压器的故障切除时间按同电压等级线路（　　）故障切除时间考虑。
A. 近端；　　B. 远端；　　C. 中间；　　D. 距首端 1/4 处。
答案：A。

23. 可用隔离开关操作拉合小于（　　）安培的空线路。
A. 3；　　B. 5；　　C. 10；　　D. 15。

答案：B。

24. 断路器在运行时发生非全相时，应（　　）。
A. 试合断路器一次；
B. 一相运行时断开，两相运行时试合；
C. 立即隔离断路器；
D. 立即拉开断路器。
答案：B。

25. 开关在遥控操作后，必须核对执行遥控操作后自动化系统上（　　）、遥测量变化信号（在无遥测信号时，以设备变位信号为判据），以确认操作的正确性。
A. 开关变位信号；
B. 闸刀变位信号；
C. 电流变化；
D. 电压变化。
答案：A。

26. 进行电网合环操作前若发现两侧（　　）不同，则不允许操作。
A. 频率；
B. 相位；
C. 电压；
D. 相角。
答案：B。

27. 接地网除了起着保护接地的作用外，还有主要起（　　）的作用。
A. 设备放电；
B. 构成回路；
C. 作为零电压；
D. 工作接地。
答案：D。

28. 大接地电流系统中，发生接地故障时，零序电压在（　　）。
A. 接地短路点最高；
B. 变压器中性点最高；
C. 发电机中性点最高；
D. 各处相等。
答案：A。

29. 监控巡视时发现受控站某间隔遥测量不刷新，其出现的原因可能为（　　）。
A. 主站监控系统故障；
B. 受控站监控系统故障；
C. 受控站该间隔测控装置故障；
D. 受控站该间隔电流互感器、电压互感器二次回路故障。
答案：C。

30. 各种类型短路的电压分布规律是（　　）。
A. 正序电压、负序电压、零序电压越靠近电源数值越高；
B. 正序电压、负序电压越靠近电源数值越高，零序电压越靠近短路点越高；
C. 正序电压越靠近电源数值越高，负序电压、零序电压越靠近短路点越高；
D. 正序电压、负序电压、零序电压越靠近短路点数值越高。
答案：C。

31. 10kV～35kV 小电流接地系统发生单相接地的线路，其最长允许运行时间原则上不得超过（　　）h。

A. 1；　　B. 2；　　C. 5；　　D. 6。

答案：B。

32. 隔离开关在运行中出现异常如何处理？（　　）

A. 对于隔离开关过热，应设法增加负荷；

B. 隔离开关发热严重时，应以适当的断路器，利用倒母线或备用断路器倒旁路母线等方式，转移负荷，使其退出运行；

C. 如停用隔离开关，可能引起停电并造成损失较大时，现场人员可以不抢修；

D. 隔离开关绝缘子外伤严重，绝缘子掉盖、爆炸和刀口熔焊等，应按照领导意见进行处理。

答案：B。

33. 隔离开关可以进行（　　）。

A. 在无接地故障时，拉开或合上压变；　　B. 代替断路器切故障电流；

C. 任何操作；　　D. 切断接地电流。

答案：A。

34. 风力大于（　　）级时，一般不宜进行带电作业。

A. 2；　　B. 3；　　C. 4；　　D. 5。

答案：D。

35. 凡有可能影响开关远方遥控功能的一、二次检修工作，应在（　　）中说明，工作结束后，须进行开关遥控功能验收。

A. 操作票；　　B. 信号验收卡；　　C. 检修工作申请；　　D. 事故应急处置单。

答案：C。

36. 对于同一电容器，两次连续投切中间应断开（　　）以上。

A. 0.5min；　　B. 1min；　　C. 3min；　　D. 5min。

答案：D。

37. 对于开展重合闸软压板远方投退的线路保护，应在间隔图中设置“重合闸投入”软压板和（　　）状态指示。

A. 重合闸退出；　　B. 重合闸充电完成；　　C. 硬压板；　　D. 重合闸装置运行。

答案：B。

38. 对于局部电网无功功率过剩，电压偏高，应避免采取的措施为（　　）。

A. 投入并联电容器；　　B. 部分发电机进相运行，吸收系统无功；

C. 投入并联电抗器；　　　　　　　　　　D. 以上都对。

答案：A。

39. 变电站全停后现场人员应做如下处理（　　）？

A. 变电站全停，运行值班人员应首先设法恢复受影响的站用电；

B. 汇报单位生产负责人，等待调度命令；

C. 拉开站内所有合闸位置的断路器和隔离开关；

D. 检查是否有出线线路侧有电压，如果发现带电线路，则立即合入该线路断路器给失电母线送电。

答案：A。

40. 对采用三相重合闸的中性点直接接地线路，当线路发生永久性单相接地故障时，保护及重合闸的动作顺序（　　）。

A. 三相跳闸不重合；

B. 选跳故障相，延时重合单相，后加速跳三相；

C. 三相跳闸，延时重合三相，后加速跳三相；

D. 选跳故障相，延时重合单相，后加速再跳故障相。

答案：C。

41. 对变压器进行短路试验时，二次绕组短路，一次绕组分接头应放在（　　）位置上。

A. 最大；　　B. 额定；　　C. 最小；　　D. 任意。

答案：B。

42. 断路器在下列情况下，可以进行分闸操作的有（　　）。

A. 真空损坏；　　B. 合闸闭锁；　　C. 套管炸裂；　　D. 严重漏油。

答案：B。

43. 断路器远控操作失灵，允许断路器可以近控分相和三相操作时，下列说法错误的是（　　）。

A. 必须现场规程允许；　　　　　　B. 确认即将带电的设备应属于无故障状态；

C. 限于对设备进行轻载状态下的操作；　　D. 限于对设备进行空载状态下的操作。

答案：C。

44. 断路器液压操作机构油压逐渐下降时发出的信号依次为（　　）。

A. 闭锁合闸信号→闭锁重合闸信号→闭锁分闸信号；

B. 闭锁重合闸信号→闭锁合闸信号→闭锁分闸信号；

C. 闭锁分闸信号→闭锁合闸信号→闭锁重合闸信号；

D. 闭锁分闸信号→闭锁重合闸信号→闭锁合闸信号。

答案：B。

45. 短时限的电流速断保护必须保护到（　　）故障。
A. 电容器组和断路器之间连接线短路；　　B. 电容器内部故障及其引出线短路；
C. 电容器组过电压；　　D. 电容器组的单相接地故障。
答案：A。

46. 电网解环操作前的注意事项不包括下列（　　）？
A. 潮流的重新分布能满足继电保护要求；
B. 确保解环后系统有关部分电压应在规定范围之内；
C. 潮流的重新分布能满足系统设备容量的限额；
D. 调整系统频率。
答案：D。

47. 电网电压、频率、功率发生瞬间下降或上升后立即恢复正常称（　　）。
A. 波动；　　B. 振荡；　　C. 谐振；　　D. 正常。
答案：A。

48. 用隔离开关进行经试验许可的拉开母线环流或 T 接短线操作时，（　　）远方操作。
A. 必须；　　B. 不必；　　C. 尽可能不选择；　　D. 无要求。
答案：A。

49. 电流互感器的不完全星形接线，在运行中（　　）故障。
A. 不能反映所有的接地；　　B. 能反映各种类型的接地；
C. 仅反映单相接地；　　D. 不能反映三相短路。
答案：A。

50. 电力系统发生事故时，各单位的运行人员在上级值班调控员的指挥下处理事故，应做到以下几点：① 用一切可能的方法保持设备继续运行，首先保证发电厂及枢纽变电站的自用电源；② 调整系统运行方式，使其恢复正常；③ 尽快对已停电的用户特别是重要用户保安电源恢复供电；④ 尽速限制事故的发展，消除事故的根源并解除对人身和设备安全的威胁，防止系统稳定破坏或瓦解。其正确的处理为（　　）。
A. 2，1，3，4；　　B. 4，2，1，3；　　C. 4，1，3，2；　　D. 3，1，4，2。
答案：C。

51. 当遇到（　　）时，不允许对线路进行远方试送。
A. 电缆线路故障或者故障可能发生在电缆段范围内；
B. 断路器远方操作到位判断条件满足两个非同样原理或非同源指示“双确认”；
C. 线路主保护正确动作、信息清晰完整，且无母线差动、开关失灵等保护动作；
D. 通过工业视频未发现故障线路间隔设备有明显漏油、冒烟、放电等现象。
答案：A。

52. 继电保护整定计算应以（ ）作为依据。
A. 常见的运行方式；
B. 被保护设备相邻的一回线或一个元件的正常检修方式；
C. 故障运行方式；
D. 正常运行方式。
答案：A。

53. 监控值班人员安排时，不宜连续值班超过（ ）h。
A. 12； B. 24； C. 20； D. 16。
答案：A。

54. 以下不是自耦变压器的特点的是（ ）。
A. 短路电流较小； B. 短路阻抗比普通变压器小；
C. 过电压保护比较复杂； D. 一二次绕组之间有直接连接。
答案：A。

55. 在中性点非直接接地的电网中，线路单相断线不接地故障的现象是（ ）。
A. 断线相电流接近零，其他两相电流相等； B. 电流没有变化；
C. 断路器跳闸； D. 断线相电流最大，其他两相电流为零。
答案：A。

56. 变压器中性点接地属于（ ）。
A. 工作接地； B. 保护接地； C. 故障接地； D. 都不对。
答案：A。

57. 判别母线故障的依据为（ ）。
A. 该母线的各出线及变压器负荷消失；
B. 该母线的电压表指示消失；
C. 母线保护动作、断路器跳闸及故障引起的声、光、信号等；
D. 该母线所供厂用电或所用电失去。
答案：C。

58. 电力系统电压主要取决于（ ）。
A. 有功和无功负荷的供需平衡； B. 无功负荷的供需平衡；
C. 有功负荷的供需平衡； D. 网络结构。
答案：A。

59. 电力系统振荡时系统三相是（ ）的。
A. 对称； B. 不对称； C. 完全不对称； D. 基本不对称。

答案：A。

60.（　　）是调度命令操作执行完毕的根据。
A. 向调度汇报操作结束并给出“结束时间”；
B. 完成操作；
C. 操作完毕；
D. 现场操作票执行完毕。
答案：A。

61. 变压器事故过负荷时，下列消除过负荷的措施中不妥当的为（　　）。
A. 退出过负荷变压器；　B. 指令有关调度转移负荷；
C. 投入备用变压器；　D. 按有关规定进行拉闸限电。
答案：A。

62. 带负荷合隔离开关时，发现合错，应（　　）。
A. 在刀片刚接近固定触头，发生电弧，这时也应停止操作；
B. 在刀片刚接近固定触头，发生电弧时，应立即拉开；
C. 不准直接将隔离开关再拉开；
D. 准许直接将隔离开关再拉开。
答案：C。

63. 只对一个单位，只一项操作内容，由下级值班调控员或现场运行人员完成的操作，需要调控员（　　）。
A. 口头许可；　B. 下单项操作指令；
C. 下逐项操作指令；　D. 下综合指令。
答案：B。

64. 备自投不具有的闭锁功能为（　　）。
A. 手分闭锁；　B. 有流闭锁；
C. 主变压器保护闭锁；　D. 断路器拒分闭锁。
答案：D。

65. 对电力系统的稳定性干扰最严重的是（　　）。
A. 发生三相短路故障；　B. 投切大型电容器；
C. 大型发电机开停机；　D. 投切大型空载变压器。
答案：A。

66. 当大气过电压使线路上所装设的避雷器放电时，电流速断保护应（　　）。
A. 快速动作；　B. 不动作；　C. 延时动作；　D. 视情况而定。

答案：B。

67. 有带电作业线路跳闸后，（　　）。
A. 可以强送一次；　B. 不允许强送；
C. 在得到申请单位同意后方可进行强送电；　D. 视系统方式而定。
答案：C。

68. 在新设备启动过程中，调试系统保护允许失去（　　），但严禁无保护运行。
A. 可靠性；　B. 灵敏性；　C. 选择性；　D. 速动性。
答案：C。

69. 以下对于备自投运行的说法中正确的是（　　）。
A. 备自投动作后又跳闸，可以再试送一次；
B. 交流电压回路断线不影响装置运行；
C. 直流电源消失对装置运行无影响；
D. 备自投应动作而未动作，可模拟备自投动作过程操作一次。
答案：D。

70. 消弧线圈在从一台变压器切换到另一台变压器时，消弧线圈隔离开关应（　　）。
A. 先拉后合；　B. 先合后拉；　C. 可以同时操作；　D. 以上都不对。
答案：A。

71. 全电缆线路事故跳闸后（　　）。
A. 不得强送；　B. 可不待检查，立即强送一次；
C. 雷雨时不得强送，可待雨小后强送一次；　D. 以上都不对。
答案：A。

72. 当主保护或断路器拒动时，用来切除故障的保护被称作（　　）。
A. 主保护；　B. 后备保护；　C. 辅助保护；　D. 异常运行保护。
答案：B。

73. 定时限过电流保护，一般能保护（　　）。
A. 延伸至下段线路末；　B. 线路的 80%；
C. 线路的 95%；　D. 延伸至下段线路出口。
答案：D。

74. “线路保护动作”信号属于哪一类告警信息？（　　）
A. 事故信息；　B. 异常信息；　C. 变位信息；　D. 越限信息。
答案：A。

75. 过流保护加装复合电压闭锁可以（　　）。

A. 加快保护动作时间；　　B. 增加保护选择性；

C. 提高保护的灵敏度；　　D. 延长保护范围。

答案：C。

76. 对并列运行的容量不同的两台降压变压器利用有载调压装置升挡调节，当负荷电流不等时，应先调节（　　）。

A. 负荷电流小的变压器；　　B. 负荷电流与额定电流比值小的变压器；

C. 负荷电流与额定电流比值大的变压器；　　D. 负荷电流大的变压器。

答案：B。

77. 在小接地电流系统中，某处发生单相接地时，母线电压互感器开口三角的电压（　　）。

A. 故障点距母线越近，电压越高；　　B. 故障点距母线越近，电压越低；

C. 不管距离远近，基本上电压一样高；　　D. 无法确定。

答案：C。

78. 关于变压器事故跳闸的处理原则，以下说法错误的为（　　）。

A. 若主保护（瓦斯、差动等）动作，未查明原因消除故障前不得送电；

B. 如只是过流保护（或低压过流）动作，检查主变压器无问题可以送电；

C. 如因线路故障，保护越级动作引起变压器跳闸，则故障线路断路器断开后，可立即恢复变压器运行；

D. 若系统需要，即使跳闸原因尚未查明，调控员仍可自行下令对跳闸变压器进行强送电。

答案：D。

79. 母线故障停电后，若能找到故障点并能迅速隔离，在隔离故障点后应迅速对停电母线恢复送电，应优先考虑用（　　）对停电母线送电。

A. 外来电源；　　B. 母联断路器；

C. 主变压器断路器；　　D. 分段断路器。

答案：A。

80. 变压器差动保护投运前做带负荷试验的主要目的是（　　）。

A. 检查电流回路的正确性；　　B. 检查保护定值的正确性；

C. 检查保护装置的精度；　　D. 检查保护装置的零漂。

答案：A。

81. 变压器纵差保护不能反映（　　）故障。

A. 变压器绕组的两相短路；

B. 变压器绕组的三相短路；

C. 变压器绕组的轻微匝间短路；
D. 变压器大电流接地系统侧绕组的单相接地短路。
答案：C。

82. 自耦变压器中性点必须接地，这是为了避免当高压侧电网内发生单相接地故障时，（　　）。
A. 高压侧出现过电压；　　B. 中压侧出现过电压；
C. 高压侧、中压侧都出现过电压；　　D. 低压侧出现过电压。
答案：B。

83. 自动重合闸过程中，无论采用什么保护型式，都必须保证在重合于故障时可靠（　　）。
A. 快速三相跳闸；　B. 快速单相跳闸；　C. 失灵保护动作；　D. 快速对侧跳闸。
答案：A。

84. （　　）可作为线路的后备保护。
A. 主变压器复压过流保护；　　B. 母差保护；
C. 线路高频保护；　　D. 主变压器瓦斯保护。
答案：A。

85. 变压器在带负荷测试前，一般情况下应将（　　）退出，再进行测试。
A. 重瓦斯保护；　B. 差动保护；　C. 复压过流保护；　D. 间隙保护。
答案：B。

86. 变压器空载合闸时，易导致（　　）保护误动作。
A. 轻瓦斯；　B. 差动保护；　C. 重瓦斯；　D. 零序。
答案：B。

87. 下列情况中可以不将重合闸停用的为（　　）。
A. 空充线路时；　　B. 线路有人带电工作；
C. 重合闸装置异常；　　D. 断路器遮断容量不足。
答案：B。

88. 变压器带（　　）负荷时电压最高。
A. 容性；　B. 感性；　C. 非线性；　D. 线性。
答案：A。

89. 变压器并联运行的理想状况：空载时，并联运行的各台变压器绕组之间（　　）。
A. 无位差；　B. 同相位；　C. 连接组别相同；　D. 无环流。

答案：D。

90. 变压器并列运行时功率（　　）。
A. 按功率分配；
B. 按功率成反比分配；
C. 按短路电压成正比分配；
D. 按短路电压成反比分配。
答案：D。

91. 110kV 及以下变压器分接头一般放在变压器的（　　）。
A. 中压侧；　B. 高压侧；　C. 低压侧；　D. 均可以。
答案：B。

92. 变压器过负荷保护动作后首先将（　　）。
A. 跳三侧断路器；
B. 跳本侧断路器；
C. 发信号；
D. 跳本侧分段断路器。
答案：C。

93. 选择断路器遮断容量应根据其安装处（　　）来决定。
A. 变压器容量；
B. 最大负荷；
C. 最大短路电流；
D. 最小短路电流。
答案：C。

94. 操作后核对确认时，需检查相应的（　　）、遥信变位以及告警窗信息，确认设备确已操作到位。
A. 有功、无功；　B. 电压、电流；　C. 电压、功率；　D. 电流、功率。
答案：B。

95. 在电压互感器的隔离开关作业时，应拉开电压互感器二次熔断器是为（　　）。
A. 防止二次侧反充电；
B. 防止熔断器熔断；
C. 防止二次接地；
D. 防止短路。
答案：A。

96. 设备（　　），现场运维人员应告知值班监控员，值班监控员应在一次系统图中检修设备上挂“检修”标示牌。
A. 检修工作许可开工前；
B. 改检修后；
C. 检修工作许可开工后；
D. 改检修并执行完安措后。
答案：C。

97. 低周减载装置能起（　　）作用。
A. 防止电压波动；　B. 防止频率崩溃；　C. 防止系统振荡；　D. 防止串联谐振。

答案：B。

98. 防雷保护装置的接地属于（　　）。
A. 工作接地；　　B. 保护接地；　　C. 防雷接地；　　D. 保护接零。
答案：A。

99. 在（　　）情况下，自动重合闸装置不应动作。
A. 用控制开关或通过遥控装置将断路器跳开；
B. 主保护动作将断路器跳开；
C. 后备保护动作将断路器跳开；
D. 某种原因造成断路器误跳开。
答案：A。

100. 自动重合闸可按控制开关位置与断路器位置不对应的原理动作，即（　　）时启动自动重合闸。
A. 控制开关在跳闸位置而断路器实际在合闸位置；
B. 控制开关在跳闸后位置而断路器实际在合闸位置；
C. 控制开关在合闸位置而断路器实际在断开位置；
D. 控制开关在合闸后位置而断路器实际在断开位置。
答案：D。

101. （　　）才投入备用电源或备用设备。
A. 应保证在工作电源或设备断开前；
B. 应保证在工作电源或设备断开后；
C. 应保证在工作电源断开后但备用设备断开前；
D. 应保证在工作电源断开前但备用设备断开后。
答案：B。

102. 为正确分析事故原因、研究对策提供原始资料，是（　　）的作用之一。
A. 故障录波装置；　　B. 低频减载装置；
C. 低压解列装置；　　D. 低频解列装置。
答案：A。

103. 低频低压解列装置一般不装设在（　　）。
A. 系统间联络线；
B. 地区系统中从主系统受电的终端变电站母线联络断路器；
C. 地区电厂的高压侧母线联络断路器；
D. 地区系统中主要变电站的高压侧母线联络断路器。
答案：D。

104. 当大电源切除后发供电功率严重不平衡，将造成频率或电压降低，如用低频减负荷不能满足安全运行要求时，须在某些地点装设（　　），使解列后的局部电网保持安全稳定运行，以确保对重要用户的可靠供电。

A. 低频或低压解列装置；　　B. 联切负荷装置；
C. 稳定切机装置；　　D. 振荡解列装置。

答案：A。

105. 以下不是小电流接地系统发出“单相接地”信号的原因的是（　　）。

A. 发生单相接地；　　B. 电压互感器高压侧一相断开；
C. 产生铁磁谐振过电压；　　D. 电压互感器低压侧一相熔丝熔断。

答案：D。

106. “消防装置故障告警”属于（　　）缺陷。

A. 危急；　　B. 紧急；　　C. 严重；　　D. 一般。

答案：C。

107. 变压器高压侧与系统断开时，由中压侧向低压侧或相反方向送电，变压器高压侧的中性点（　　）。

A. 不接地；　　B. 根据系统运行方式接地；
C. 可靠接地；　　D. 根据调度指令接地。

答案：C。

108. 发现断路器严重漏油时，应首先（　　）。

A. 立即将重合闸停用；　　B. 立即断开断路器；
C. 采取禁止跳闸的措施；　　D. 立即用旁代路。

答案：C。

109. 变压器断路器跳闸时，其处理原则错误的是（　　）。

A. 重瓦斯和差动保护同时动作时，未消除故障之前不得强送；
B. 重瓦斯或差动保护之一动作时，经检查无明显故障后，经领导同意后，可试送一次；
C. 变压器后备保护动作后，可不经外部检查试送一次；
D. 变压器因过流保护动作跳闸时，现场检查相关一次设备无异常且出线保护未动作时，可在拉开全部出线后，试送一次。

答案：C。

110. 电压互感器发生冒烟或喷油时，下列措施错误的为（　　）。

A. 禁止用近控操作电压互感器高压侧隔离开关；
B. 可用母线停电方式隔离；
C. 不得将母差保护改为非固定连结方式；

D. 可将故障电压互感器母线保护停用。
答案：D。

111. 如果电网提供的无功功率小于负荷需要的无功功率，则电压（　　）。
A. 降低；　　B. 不变；　　C. 升高；　　D. 不一定。
答案：A。

112. 母线三相电压同时升高，相间电压仍为额定，电压互感器开口三角端有较大的电压，这是什么现象？（　　）
A. 单相接地；　　B. 断线；　　C. 工频谐振；　　D. 压变熔丝熔断。
答案：C。

113. 变压器运行超温异常处理过程中温升是指（　　）。
A. 一、二次线圈的温度之差；
B. 线圈与上层油面温度之差；
C. 变压器上层油温与变压器周围环境的温度之差；
D. 线圈与变压器周围环境的温度之差。
答案：C。

114. 主站端后台全站遥测数据死，现场后台正常，问题最有可能出现在（　　）。
A. 总控；　　B. 站内以太网；　　C. 测控装置；　　D. 电流互感器。
答案：A。

115. 主变压器备用冷却器投入属于（　　）信号。
A. 事故；　　B. 异常；　　C. 变位；　　D. 告知。
答案：B。

116. 电压互感器高压侧熔丝一相熔断时，电压互感器二次电压（　　）。
A. 熔断相电压降低，非熔断相电压不变；
B. 熔断相电压一定为零，非熔断相电压略升高；
C. 熔断相电压降低，但是不会出现零序电压；
D. 熔断相电压一定为零，非熔断相电压不变。
答案：A。

117. 线路过电流保护的启动电流整定值是按该线路的（　　）整定。
A. 负荷电流；　　B. 最大负荷；
C. 大于允许的过负荷电流；　　D. 出口短路电流。
答案：C。

118. 电容器保护装置配置的保护功能中哪个保护动作后电容器仍可使用？（　　）

A. 欠电压保护；　　B. 过流Ⅰ段、过流Ⅱ段；

C. 不平衡电流；　　D. 过电压保护。

答案：A。

119. 以下哪一措施不是消除系统间联络线过负荷的有效措施？（　　）

A. 受端系统的发电厂迅速增加出力；

B. 有条件时，值班调控员改变系统结线方式，使潮流强迫分配；

C. 受端切除部分负荷；

D. 送端系统的发电厂迅速增加出力。

答案：D。

120. 配有重合闸后加速的线路，当重合到永久性故障时（　　）。

A. 保护将有选择性瞬时跳开断路器切除故障；

B. 具体情况具体分析，故障点在Ⅰ段保护范围内时，可以瞬时切除故障；故障点在Ⅱ段保护范围内时，则需带延时切除；

C. 不能瞬时切除故障；

D. 能瞬时切除故障。

答案：D。

121. 在重合装置中有哪些闭锁重合闸措施？（　　）

A. 停用重合闸方式时直接闭锁重合闸；

B. 手动跳闸时不直接闭锁重合闸；

C. 断路器或液压降低到无法重合闸时不闭锁重合闸；

D. 不经重合闸的保护跳闸时不闭锁重合闸。

答案：A。

122. “主变压器本体油温高告警”在信息分类中属于（　　）。

A. 事故信息；　　B. 异常信息；　　C. 越限信息；　　D. 变位信息。

答案：B。

123. 以下对重合闸说法不正确的是（　　）。

A. 110kV 及以下电网中使用的重合闸都是三相式的；

B. 带电作业必须要停用重合闸装置；

C. 重合闸可以尽快恢复瞬时故障线路的运行；

D. 重合闸的目的之一是保证系统稳定。

答案：B。

124. 关于降低网损的措施，以下说法不正确的是（　　）。

A. 减少无功潮流流动；　　B. 适当降低电网运行电压；
C. 尽量保持电网运行的正常方式；　　D. 根据负荷变换适当改变变压器组数。
答案：B。

125. 对于电磁环网运行，下列说法正确的是（　　）。
A. 网络尚不完善时，有利于提高重要负荷的供电可靠性；
B. 有利于系统热稳定；
C. 有利于系统动稳定；
D. 有利于经济运行。
答案：A。

126. “限电序位表”应当（　　）年修订一次。
A. 半；　　B. 1；　　C. 2；　　D. 3。
答案：B。

127. 在中性点非直接接地的电网中，母线一相电压为零，另两相电压为相电压，这是什么现象？（　　）
A. 单相接地；　　B. 单相断线不接地；
C. 两相断线不接地；　　D. 压变熔丝熔断。
答案：D。

128. 在母线倒闸操作中，母联断路器的（　　）应拉开。
A. 跳闸回路；　　B. 操作电源；　　C. 直流回路；　　D. 断路器本体。
答案：B。

129. 重合闸时间是指（　　）。
A. 重合闸启动开始计时，到合闸脉冲发出终止；
B. 重合闸启动开始计时，到断路器合闸终止；
C. 合闸脉冲发出开始计时，到断路器合闸终止；
D. 以上说法都不对。
答案：A。

130. 为了保障人身安全，将电气设备正常情况下不带电的金属外壳接地称为（　　）。
A. 工作接地；　　B. 保护接地；　　C. 工作接零；　　D. 保护接零。
答案：B。

131. 电气设备停电后，即使是事故停电，在未（　　）和做好安全措施以前，不得触及设备或进入遮栏。
A. 得到调度许可；　　B. 履行许可手续；

C. 得到监护人许可；　　D. 拉开有关隔离开关。
答案：D。

132. 新投产的线路或大修后的线路，必须进行（　　）核对。
A. 长度；　　B. 容量；　　C. 相位；　　D. 以上都不是。
答案：C。

133. 监控系统远动装置异常属于（　　）缺陷。
A. 危急；　　B. 严重；　　C. 一般；　　D. 紧急。
答案：A。

134. 断路器加热器故障属于（　　）缺陷。
A. 危急；　　B. 严重；　　C. 一般；　　D. 紧急。
答案：C。

135. 调控机构变电站监控信息的验收内容包括技术资料、四遥信息、（　　）及监控功能。
A. 保护配置清单；　　B. 监控画面；　　C. 开关动作次数；　　D. 一次设备型号。
答案：B。

136. 下列不属于异常信息的是（　　）。
A. 开关异常变位信息；　　B. 一次设备异常告警信息；
C. 自动化、通信设备异常告警信息；　　D. 二次设备、回路异常告警信息。
答案：A。

137. 电压互感器计量电压空开跳开属于（　　）。
A. 危急缺陷；　　B. 严重缺陷；　　C. 异常缺陷；　　D. 一般缺陷。
答案：B。

138. 以下不属于需同变电站监控信息变更申请单一同上报的技术资料的为（　　）。
A. 一次接线图；　　B. 保护配置清单；
C. 信息表（调控信息表和信息对应表）；　　D. 设备调度命名文件。
答案：B。

139. 下面属于监控系统缺陷的有（　　）。
A. 监控系统误发、漏发信息；　　B. 受控站开关手把在就地，遥控失败；
C. 监控系统发开关压力闭锁，现场漏油；　　D. 变电站远动机电源消失，通信中断。
答案：A。

140. 配网调控班通过监控系统进行设备巡视，发现监控机上有异常信号，下面做法正确的有（　　）。

A. 立刻汇报调度；

B. 立刻填写缺陷记录；

C. 通知运维班现场核实，确属设备严危缺陷再上报调度；

D. 立刻通知领导。

答案：C。

141. 设备调度命名文件的验收标准为（　　）。

A. 正式文件；　B. 临时文件；　C. 施工图纸；　D. 自动化信息表。

答案：A。

142. 值班监控员对于逾期缺陷，及时通知（　　）协调处理。

A. 检修人员；　B. 运维人员；

C. 设备监控管理人员；　D. 设备监控领导。

答案：C。

143. 当线路发生故障后，保护有选择性的动作切除故障，重合闸进行一次重合以恢复供电。若重合于永久性故障时，保护装置即不带时限无选择性的动作断开断路器，这种方式称为（　　）。

A. 重合闸前加速；　B. 重合闸后加速；　C. 闭锁重合闸；　D. 以上皆不对。

答案：B。

144. 当母线停电，并伴随因故障引起的爆炸、火光等异常现象时，应做的处理为（　　）。

A. 在得到调度令之前，现场不得自行决定任何操作；

B. 立即组织对停电母线强送电，以保证不失去站用电源；

C. 现场应拉开故障母线上的所有断路器，并隔离故障点；

D. 现场应立即组织人员撤离值班室。

答案：C。

145. 当母线发生故障后（　　）。

A. 可直接对母线强送电；

B. 一般不允许用主变压器断路器向故障母线试送电；

C. 用主变压器断路器向母线充电时，变压器中性点一般不接地；

D. 充电时，母差保护应退出跳闸。

答案：B。

146. 当断路器允许遮断故障次数少于（　　）次时，应停用该断路器的重合闸。

A. 1；　B. 2；　C. 3；　D. 4。

答案：B。

147. 当断路器出现辅助接点接触不良，合闸或分闸位置继电器故障时，会导致监控系统报出（　　）。

A. 断路器控制回路断线；　　B. 断路器控制电源消失；

C. 断路器弹簧未储能；　　D. 断路器分合闸闭锁。

答案：A。

148. 当变压器外部故障时，有较大的穿越性短路电流流过变压器，这时变压器的差动保护（　　）。

A. 立即动作；　　B. 延时动作；

C. 不应动作；　　D. 短路时间长短而定。

答案：C。

149. 带负荷错拉隔离开关，当隔离开关已全部拉开后，应（　　）。

A. 立即合上；

B. 保持断位；

C. 待观察一、二次设备无问题后，合上该隔离开关；

D. 以上皆不对。

答案：B。

150. 操作中有可能产生较高过电压的是（　　）。

A. 投入空载变压器；　　B. 切断空载带电长线路；

C. 投入补偿电容器；　　D. 投入电抗器。

答案：B。

151. 操作中发生事故时应立即停止操作，事故处理告一段落后再根据（　　）或实际情况决定是否继续操作。

A. 调度命令；　　B. 领导指示；

C. 预案；　　D. 检修人员意见。

答案：A。

152. 操作对调度管辖范围以外设备和供电质量有较大影响时，应（　　）。

A. 暂停操作；　　B. 重新进行方式安排；

C. 汇报领导；　　D. 预先通知有关单位。

答案：D。

153. 变压器倒换操作时，对于并入的变压器，以下项目哪个必须检查完才可进行另一台变压器的停役操作？（　　）

A. 确认并入的变压器断路器确已合上；　　B. 确认并入的变压器确有电压；

C. 确认并入的变压器已带上负荷；　　D. 确认并入的变压器无异常声响。

答案：C。

154. 变电站并联补偿电容器长期允许运行电压不允许超过额定电压的（　　）倍。

A. 1；　　B. 1.1；　　C. 1.05；　　D. 1.5。

答案：B。

155. 按照无功电压综合控制策略，电压和功率因数都低于下限，应如何控制？（　　）

A. 调节分接头；

B. 先投入电容器组，根据电压变化情况再调有载分接头位置；

C. 投入电容器组；

D. 先调节分接头升压，再根据无功功率情况投入电容器组。

答案：B。

156. AVC 系统控制的变电站电容器、电抗器或变压器有载分接开关需停用时，监控员应按照相关规定将（　　）退出 AVC 系统。

A. 电容器；　　B. 相应间隔；

C. 电抗器；　　D. 变压器有载分接开关。

答案：B。

157. 电流互感器二次接地属于（　　）。

A. 工作接地；　　B. 保护接地；　　C. 故障接地；　　D. 都不对。

答案：B。

158. “全站事故总信号”属于（　　）类监控信息。

A. 事故；　　B. 异常；　　C. 越限；　　D. 告知。

答案：A。

159.（　　）是指在某些特殊情况下，监控员对变电站设备采取的加强监视措施，如增加监视频度、定期抄录相关数据、对相关设备或变电站进行固定画面监视等，并做好事故预想及各项应急准备工作。

A. 正常监视；　　B. 特殊监视；　　C. 全面监视；　　D. 专项监视。

答案：B。

160.（　　）是指监控员值班期间对变电站设备事故、异常、越限、变位信息及设备状态在线监测告警信息进行不间断监视。

A. 全面监视；　　B. 正常监视；　　C. 特殊监视；　　D. 不间断监视。

答案：B。

161. 中性点不接地系统发生单相接地故障时，一般来说，接地故障电流比负荷电流

（　　）。

A. 大；　　B. 小；　　C. 相等；　　D. 不确定。

答案：B。

162. 下列不属于监控员负责集中监控信息的是（　　）。

A. 事故信息；　　B. 异常信息；　　C. 告知信息；　　D. 变位信息。

答案：C。

163. 继电保护和安全自动装置技术要求，应支持以（　　）方式进行定值区切换操作。

A. 遥控；　　B. 遥信；　　C. 遥调；　　D. 遥测。

答案：C。

164. 关于强送，以下说法不对的是（　　）。

A. 空充线路跳闸不宜强送；　　B. 电缆线路跳闸不宜强送；

C. 长线路跳闸不宜强送；　　D. 线路变压器组断路器跳闸不宜强送。

答案：C。

165. 电压互感器二次接地属于（　　）。

A. 工作接地；　　B. 保护接地；　　C. 故障接地；　　D. 都不对。

答案：B。

166. 值班运行人员与调控员进行倒闸操作联系时，要首先互报（　　）。

A. 单位；　　B. 值别；　　C. 姓名；　　D. 单位、姓名。

答案：D。

167. 值班调控员对下级调度、运行值班人员提出的申请、要求等予以同意称为（　　）。

A. 调度许可；　　B. 调度同意；　　C. 调度指令；　　D. 告知调度。

答案：B。

168. 线路非全相运行时，负序电流的大小与负荷电流的大小关系为（　　）。

A. 相等；　　B. 成正比；　　C. 成反比；　　D. 无关。

答案：B。

169. 继电保护远方操作时，（　　），且所有这些确定的指示均已同时发生对应变化，才能确认该设备已操作到位。

A. 应至少有三个指示发生变化；　　B. 应有一个以上指示发生变化；

C. 至少应有两个指示发生对应变化；　　D. 应对判软压板及充电状态指示进行观察。

答案：C。

170. 继电保护远方操作功能投入使用前必须通过（　　）验证。
A. 软压板投退；　B. 定值区切换；　C. 定值召唤；　D. 实际传动试验。
答案：D。

171. 合环操作前，确保（　　）。
A. 电压应一致；　B. 相位应一致；　C. 系统接线方式；　D. 系统负荷。
答案：B。

172. 关于电力系统的电压特性描述，错误的是（　　）。
A. 电力系统各节点的电压通常情况下是不完全相同的；
B. 电力系统各节点的电压主要取决于各区的有功和无功供需平衡情况；
C. 电力系统各节点的电压与网络结构（网络阻抗）没有关系；
D. 电压不能全网集中统一调整，只能分区调整控制。
答案：C。

173. 关于变压器瓦斯保护，下列说法正确的是：（　　）。
A. 0.8MVA 及以上油浸式变压器应装设瓦斯保护；
B. 变压器的有载调压装置无需另外装设瓦斯保护；
C. 当本体内故障产生轻微瓦斯或油面下降时，应动作于断开变压器各侧断路器；
D. 当产生大量瓦斯时，瓦斯保护应动作于信号。
答案：A。

174. 按照《调度集中监控告警信息相关缺陷分类标准（试行）》，以下断路器保护装置缺陷中（　　）属于严重缺陷。
A. 线路保护重合闸闭锁；　B. 保护装置异常；
C. 保护装置故障；　D. 保护装置通信中断。
答案：D。

175. 按照《调度集中监控告警信息相关缺陷分类标准（试行）》，“远方操作不能正常分合闸”属于（　　）。
A. 危急缺陷；　B. 严重缺陷；　C. 一般缺陷；　D. 以上都不对。
答案：A。

176. 按照《调度集中监控告警信息相关缺陷分类标准（试行）》，“消弧线圈装置通信中断”属于（　　）。
A. 危急缺陷；　B. 严重缺陷；　C. 一般缺陷；　D. 以上都不对。
答案：B。

177. 按照《调度集中监控告警信息相关缺陷分类标准（试行）》，“断路器控制回路断线”

属于（　　）。

A. 危急缺陷；　B. 严重缺陷；　C. 一般缺陷；　D. 以上都不对。

答案：A。

178. 按照《调度集中监控告警信息相关缺陷分类标准（试行）》，“断路器保护装置通信中断”属于（　　）。

A. 危急缺陷；　B. 严重缺陷；　C. 一般缺陷；　D. 以上都不对。

答案：B。

179. 按照《调度集中监控告警信息相关缺陷分类标准（试行）》，“测控装置通信中断”属于（　　）。

A. 危急缺陷；　B. 严重缺陷；　C. 一般缺陷；　D. 以上都不对。

答案：A。

180. 遥测信息是指采集到的电力系统运行的实时参数，下面不属于遥测信息的有（　　）。

A. 断路器状态；　B. 母线电压；　C. 系统潮流；　D. 主变压器挡位。

答案：A。

181. 变位信息特指（　　）类状态改变信息。

A. 隔离开关；　B. 开关；　C. 接地开关；　D. 挡位。

答案：B。

182. 电网监控信息规范中规定以下（　　）信息不需实时监控。

A. 事故；　B. 异常；　C. 变位；　D. 告知。

答案：D。

183.“四遥”信息验收时，变电站侧一般由（　　）负责监督试验人员的工作，并与调控人员进行核对。

A. 运维人员；　B. 检修人员；　C. 试验人员；　D. 厂家人员。

答案：A。

184. 对于运行的一次设备，遥控验收前现场应做好防止开关实际出口的安全措施，其中不包括（　　）

A. 测控装置中相关开关置“就地”位置；　B. 开关操作把手置“就地”位置；

C. 遥控连接片退出；　D. 保护跳闸出口压板退出。

答案：D。

185. 遥控操作过程中，监控系统发生异常或遥控失灵时，应（　　）。

A. 继续操作；
B. 通知自动化消缺后继续操作；
C. 通知运维人员操作；
D. 停止操作，汇报发令调度，并通知运维人员现场检查。
答案：D。

186.（　　）负责提交所辖变电站因设备检修、改造等原因造成的监控信息表变更申请。
A. 运维单位；　B. 调控机构；　C. 电科院；　D. 电力设计院。
答案：A。

187. AVC 指令可分（　　）方式。
A. 遥控和遥调；　B. 遥控和遥测；　C. 遥信和遥测；　D. 遥调和遥信。
答案：A。

188. 自动电压控制 AVC 的作用是（　　）。
A. 调节系统频率和系统潮流；　B. 调节系统频率和系统电压；
C. 调节系统电压和无功功率；　D. 调节有功功率和无功潮流。
答案：C。

189. AVC 系统中，当系统连续（　　）次自动调节失败时转入失败封锁状态。
A. 二；　B. 三；　C. 四；　D. 五。
答案：B。

190. SOE 是指（　　），用以进行事故分析。
A. 带时间标志的信号动作记录；　B. 带信息分类标记的实时信息记录；
C. 带时间标志的事件顺序记录；　D. 带信息分类标记的信息变化记录。
答案：C。

191. 下列四遥信息描述有错的是（　　）。
A. 遥测指电流，电压，有功，无功，电能测量；
B. 遥信指开关位置，隔离开关，保护动作及异常信号；
C. 遥控指开关分合闸控制及异常跳闸；
D. 遥调指主变压器挡位调节等。
答案：C。

192. 由测量仪表、继电器、控制及信号器等设备连接成的回路称为（　　）。
A. 保护回路；　B. 二次回路；　C. 仪表回路；　D. 远动回路。
答案：B。

193. 配电线路下列故障中（　　）属人为事故。

A. 误操作；　B. 大风；　C. 雷击；　D. 风筝。

答案：A。

194. “预置成功”，也下发了“执行”命令，但被控设备没有反应”，以下原因错误的是（　　）。

A. 远动退出；　B. 控制回路断线；　C. 分合闸闭锁；　D. 测控装置异常。

答案：A。

195. 电压越上限，力率越下限，应该采取的调整方法为（　　）。

A. 先调节分接开关降压至电压正常，再投电容器；

B. 先切电容器，后调主变压器分头；

C. 切电抗器，投电容器；

D. 投入电容器，使力率合格后，调节主变压器分接头。

答案：A。

196. 某变电站某一断路器事故跳闸后，主站收到保护事故信号，而未收到断路器变位信号，其原因可能是（　　）。

A. 通道设备故障；　B. 保护装置故障；

C. 断路器辅助接点故障；　D. 测控装置故障。

答案：C。

197. “主变压器过负荷”信息属于（　　）告警信息。

A. 事故信息；　B. 异常信息；　C. 越限信息；　D. 告知信息。

答案：B。

198. 以下属于影响系统无功的主要因素的是（　　）。

A. 变压器空载运行或处于低负载运行状态；B. 变电站接排方式设计不合理；

C. 大量的电感性设备；　D. 以上皆是。

答案：D。

199. 开关控制回路状态的遥信信息不包括（　　）。

A. 开关本体油压低告警；　B. 开关机构就地控制；

C. 开关控制回路断线；　D. 开关控制电源消失。

答案：A。

200. 如果站端遥控校验失败，则在站端的遥控返校命令中会出现失败原因，这些原因不包括（　　）。

A. 遥控点号和遥控对象编码不一致；　B. 间隔装置超时未返校；

C. 间隔装置返校出错；　　D. 通道异常。

答案：D。

201. 根据《调控机构设备监控信息处置管理规定》要求，开关异常变位信息属于（　　）。

A. 事故信息；　B. 异常信息；　C. 变位信息；　D. 告知信息。

答案：A。

202. 属于变位类的信息是（　　）。

A. 母联 A 相断路器合位；　　B. 母联副母隔离开关分位；

C. 母联断路器正母侧接地隔离开关合位；　　D. 母线电压互感器隔离开关分位。

答案：A。

203. 开关在遥控操作后，必须核对执行遥控操作后自动化系统上的（　　）、遥测量变化信号，以确认操作的正确性。

A 开关变位信号；　B. 刀闸变位信号；　C. 电流变化；　D. 电压变化。

答案：A。

204. 中性点经装设消弧线圈后，若接地故障的电感电流大于电容电流，此时补偿方式为（　　）。

A. 全补偿方式；　B. 过补偿方式；　C. 欠补偿方式；　D. 不能确定。

答案：B。

205. 重合闸、备自投等功能应设置软压板，应支持以（　　）进行投入和退出操作。

A. 调度远方遥控；　　B. 就地保护装置；

C. 站端自动化前置机；　　D. 就地测控装置。

答案：A。

206. 中性点不接地系统，发生金属性两相接地故障时，健全相的对地电压（　　）。

A. 略微增大；　　B. 不变；

C. 增大为正常相电压的 1.5 倍；　　D. 增大为正常相电压的 1.732 倍。

答案：C。

207. 在线监测装置试运行时间不小于（　　）。

A. 1 个月；　B. 3 个月；　C. 6 个月；　D. 1 年。

答案：B。

208. 在交接班中，如遇有事故或重要倒闸操作，应（　　）交接班，接班调控员（监控员）应根据交班调控员（监控员）的要求协助处理。

A. 立即停止；　B. 继续；　C. 延迟；　D. 稍后。

答案：A。

209. 线路送电时，应注意（　　）。
A. 应避免由发电厂侧先送电；
B. 充电断路器必须具备完整的继电保护（应有手动加速功能），并具有足够的灵敏度；
C. 必须考虑充电功率可能引起的电压波动或线路末端电压升高；
D. 以上均正确。
答案：D。

210. 在长时间非全相运行时，网络中还可能同时发生短路，这时，很可能使系统的继电保护（　　）。
A. 误动；　　B. 拒动；
C. 误动、拒动都有可能；　　D. 没有影响。
答案：A。

211. 远方投退重合闸、备自投软压板操作，应按照限定的（　　）步骤进行。
A. 选择—返校—执行；　　B. 返校—选择—执行；
C. 执行—选择—返校；　　D. 返校—执行—选择。
答案：A。

212. 用母联断路器向空母线充电前退出电压互感器是因为（　　）。
A. 消除谐振；　　B. 防止操作过电压；
C. 消除空载母线电容电流；　　D. 防止保护误动。
答案：A。

213. 因隔离开关传动机构本身故障而不能操作的，应（　　）处理。
A. 停电；　　B. 自行；　　C. 带电处理；　　D. 以后。
答案：A。

214. 以下情况中线路可以强送的为（　　）。
A. 电缆线路；
B. 线路断路器有缺陷或遮断容量不足的线路；
C. 已掌握有严重缺陷的线路；
D. 刚正式投运不久的架空线路。
答案：D。

215. 以下措施中有利于限制谐振过电压的为（　　）。
A. 使电网的中性点直接接地运行；　　B. 提高断路器动作的同期性；
C. 选用灭弧能力强的高压断路器；　　D. 断路器断口加装并联电阻。
答案：B。

216. 以下对线路强送电时可暂不考虑的问题为（　　）。
A. 线路运行年限；　　B. 可能有永久性故障存在而影响稳定；
C. 强送时对邻近线路暂态稳定的影响；　　D. 线路跳闸前是否有带电工作。
答案：A。

217. 以下高压断路器的故障中最严重的是（　　）。
A. 分闸闭锁；　　B. 断路器压力降低；　　C. 合闸闭锁；　　D. 断路器打压频繁。
答案：A。

218. （　　）可以填写工作票。
A. 工作班成员；　　B. 工作负责人；　　C. 工作许可人；　　D. 专责监护人。
答案：B。

219. 遥控操作中遇有系统发生异常或故障，影响操作安全时，值班监控员应（　　）。
A. 继续操作，操作完毕后向调度汇报；　　B. 中止操作并通知现场进行操作；
C. 中止操作并汇报发令调度；　　D. 通知运行人员到现场后继续操作。
答案：C。

二、多选题

1. 核相可在设备的（　　）进行。
A. 一次侧；　　B. 二次侧；　　C. 断路器两侧；　　D. 隔离开关两侧。
答案：ABCD。

2. 对于变电站的35kV母线电压的允许偏差值，说法正确的是（　　）。
A. 正常运行方式下，电压允许偏差为系统额定电压的–3%～+7%；
B. 事故运行方式下，电压允许偏差为系统额定电压的–5%～+10%；
C. 正常运行方式下，电压允许偏差为系统额定电压的0～+10%；
D. 事故运行方式下，电压允许偏差为系统额定电压的–10%～+10%。
答案：AD。

3. 电力系统的设备状态一般分为（　　）。
A. 检修；　　B. 冷备用；　　C. 热备用；　　D. 运行。
答案：ABCD。

4. 对于局部电网无功功率过剩，电压偏高，应采取的措施为（　　）。
A. 发电机高功率因数运行，尽量少发无功；
B. 部分发电机进相运行，吸收系统无功；
C. 切除并联电容器，投入并联电抗器；
D. 控制低压电网无功电源上网。

答案：ABCD。

5. 若认为接收的调度指令不正确，应该（　　）。

A. 立即向上级调控员提出意见；

B. 如上级调控员重复其调度指令，下级调控机构的调控员或厂站值班员应按调度指令要求执行；

C. 如执行该调度指令确实将威胁人员、设备或电网的安全时，下级调控机构的调控员或厂站值班员可以拒绝执行；

D. 将拒绝执行的理由及修改建议报上级调控员。

答案：ABCD。

6. 多电源变电站母线失电，为防止各电源突然来电引起非同期，应（　　）。

A. 单母线应保留一电源断路器其他所有断路器全部拉开；

B. 双母线应首先合上母联断路器，然后在两组母线上只保留一个主电源断路器；

C. 双母线应首先拉开母联断路器，然后在每组母线上只保留一个主电源断路器，其他所有断路器全部拉开；

D. 应将母线上所有可能来电的断路器全部拉开。

答案：AC。

7. 新投产的线路或大修后的线路，必须进行（　　）核对。

A. 长度；　B. 相序；　C. 相位；　D. 容量。

答案：BC。

8. 电压互感器的停电操作应（　　）。

A. 考虑进行二次电压切换；

B. 拉开高压侧隔离开关，然后取下低压侧熔丝；

C. 在电压互感器与其高压侧隔离开关之间验电接地；

D. 取下低压侧熔丝，然后拉开高压侧隔离开关。

答案：ACD。

9. 电压互感器停用可能影响的保护或自动装置有（　　）。

A. 距离保护；　B. 母差保护；　C. 低电压保护；　D. 主变压器差动。

答案：ABC。

10. 合闸闭锁的断路器应（　　）。

A. 有条件时将闭锁合闸的断路器停用；

B. 不能停用断路器时，将该断路器的重合闸停用；

C. 不能停用断路器时，不必将该断路器的重合闸停用；

D. 改为非自动状态。

答案：AB。

11. 下列情况下，变压器需要做冲击试验的为（　　）。

A. 小修后；　　B. 大修后；　　C. 新投运；　　D. 故障后。

答案：BC。

12. 母线送电原则为（　　）。

A. 尽可能用外来电源进行试送电；

B. 试送电断路器应有 0s 跳闸功能；

C. 当使用本厂（站）电源试送电时，应首先使用带 0s 充电保护的母联或旁母断路器；

D. 需要时也可使用主变压器断路器，但应更改主变压器保护定值，提高灵敏度，缩短动作时限。

答案：ABCD。

13. 以下关于避雷器的说法，正确的是（　　）。

A. 一般情况下，避雷器无单独的隔离刀闸，其状态随主变压器、线路、电压互感器等；

B. 可以防止操作过电压电压对设备的破坏；

C. 可以防止大气过电压电压对设备的破坏；

D. 如须退出，应经省调批准。

答案：ABC。

14. 电力系统中的无功电源有（　　）。

A. 并联补偿电容器；　　B. 串联补偿电容器；

C. 高压输电线路的充电功率；　　D. 静止补偿器。

答案：ACD。

15. 监控特殊巡视包括（　　）。

A. 设备有严重、危急缺陷或设备重载、过载运行时；

B. 新设备启动过程期间；

C. 在特殊运行方式下或特殊恶劣天气时；

D. 重点时期及有重要保电任务时。

答案：ACD。

16. 电压调整方式分为（　　）。

A. 顺调压；　　B. 逆调压；　　C. 恒调压；　　D. 动态调压。

答案：ABC。

17. 防止频率崩溃的措施有（　　）。

A. 保证足够的旋转备用；　　B. 水电机组低频自启动；

C. 采用低频率自动减负荷装置； D. 紧急手动切除负荷。
答案：ABCD。

18. 系统频率降低时，自动按频率减负荷装置的作用是（ ）。
A. 自动断开一部分不重要负荷；
B. 阻止频率下降；
C. 保证重要用户的供电；
D. 可以避免因频率下降引起的系统瓦解事故。
答案：ABCD。

19. 主变压器零起升压的目的是：检验新主变压器及其相关的（ ）回路中设备绝缘耐受情况；一次、二次接线的正确性；测量主变压器的伏安特性。
A. 综自； B. 通信； C. 一次； D. 二次。
答案：CD。

20. 以下不允许使用隔离开关操作的有（ ）。
A. 切、合空载变压器； B. 切、合并联电抗器；
C. 隔离停电设备； D. 切、合带负荷线路。
答案：ABD。

21. 变压器装设的保护有（ ）。
A. 瓦斯保护； B. 差动保护； C. 零序电流保护； D. 过负荷保护。
答案：ABCD。

22. 设备更换或调度命名变更后，及时进行信息变更，包括（ ）。
A. 执行设备命名更名流程及管理规定，根据调度要求及时开展更名工作；
B. 涉及信号测量或控制回路变更的，即使信息表未发生变化也应重新进行联调验收；
C. 核对相关变更设备画面、数据库、公式定义正确无误；
D. 涉及信号测量或控制回路变更的，只要信息表未发生变化就不需要重新进行联调验收。
答案：ABC。

23. 调度系统重大事件包括（ ）。
A. 特急报告类事件； B. 紧急报告类事件；
C. 重要报告类事件； D. 一般报告类事件。
答案：ABD。

24. 消除变压器过负荷的措施有（ ）。
A. 调节变压器分接头； B. 投入备用变压器；
C. 改变运行方式； D. 拉闸限电。

答案：BCD。

25. 导致频率异常的因素有（　　）。

A. 由电网事故造成；
B. 由运行方式安排不当造成；
C. 由用户偷电造成；
D. 由跨区弱联网造成。

答案：AB。

26. 限制谐振过电压的措施有（　　）。

A. 提高断路器动作的同期性；
B. 高抗中性点加装小电抗；
C. 防止发电机自励磁；
D. 选用灭弧能力强的断路器。

答案：ABC。

27. 谐振过电压分为（　　）。

A. 线性谐振过电压；
B. 铁磁谐振过电压；
C. 参数谐振过电压；
D. 操作谐振过电压。

答案：ABC。

28. 以下是防止电压崩溃有效措施的为（　　）。

A. 在正常运行中要备有一定的可以瞬时自动调出的无功功率备用容量，如新型无功发生器 ASVG；

B. 高电压、远距离、大容量输电系统，在中途短路容量较小的受电端，设置静补、调相机等做为电压支撑；

C. 各个发电厂尽量多发无功；

D. 电网正常运行时尽量多的投入无功补偿装置。

答案：AB。

29. 下列情况中可能导致系统稳定破坏，因此必须采取预定措施，以防止系统崩溃的为（　　）。

A. 故障时断路器拒动；
B. 失去大容量发电厂；
C. 故障时继电保护和安全自动装置误动或拒动；
D. 多重故障。

答案：ABCD。

30. 差动保护中防止励磁涌流影响的方法有（　　）。

A. 采用具有速饱和铁芯的差动继电器；
B. 鉴别短路电流和励磁涌流波形的区别，要求间断角为 55°～60°；
C. 鉴别短路电流和励磁涌流波形的区别，要求间断角为 60°～65°；
D. 利用二次谐波制动，制动比为 15%～20%。

答案：ACD。

31. 下列情况下不会引起系统频率越下限的为（　　）。
A. 系统进行并列操作；　　B. 联络线潮流频繁波动；
C. 失去大容量直流；　　D. 失去大容量发电厂。
答案：AB。

32. 操作中发生带负荷拉、合隔离开关应该（　　）。
A. 带负荷合隔离开关时，即使发现合错，也不准将隔离开关再拉开；
B. 带负荷错拉隔离开关时，在刀片刚离开固定触头时，便发生电弧，这时应立即合上；
C. 如隔离开关已全部拉开，则不许将误拉的隔离开关再合上；
D. 但如隔离开关已全部拉开，应将误拉的隔离开关再合上。
答案：ABC。

33. 无功电源中的事故备用容量，主要储备于（　　）。
A. 运行的发电机；　　B. 无功静止补偿装置；
C. 运行的调相机；　　D. 运行的异步电动机。
答案：ABC。

34. 调控中心实施远方操作必须采取，严格执行（　　）、录音等要求，确保操作正确。
A. 模拟预演；　　B. 唱票；　　C. 复诵；　　D. 监护。
答案：ABCD。

35. 下列属于监控记录里的内容的为（　　）。
A. 检修置牌；　　B. AVC 调压情况；　　C. 调度指令；　　D. 缺陷。
答案：ACD。

36. 调控中心是变电站设备监控信息专业管理的归口部门，参与涉及变电站设备监控信息的（　　）。
A. 设计审查；　　B. 安装调试；　　C. 出厂验收；　　D. 设备选型。
答案：ACD。

37. 与变压器油位的变化有关的因素有（　　）。
A. 负荷的变化；　　B. 环境温度的变化；
C. 冷却装置的运行情况；　　D. 内部故障。
答案：ABCD。

38. 造成变压器绕组绝缘损坏的原因有（　　）。
A. 线路短路故障；　　B. 长期过负荷运行；

C. 雷击过电压；　　D. 潮湿天气。

答案：ABC。

39. 新变压器在投入运行前做冲击试验是为了（　　）。

A. 检查变压器的绝缘强度；

B. 考核变压器的机械强度；

C. 考核变压器操作过电压是否在合格范围内；

D. 考核继电保护是否会误动。

答案：ABD。

40. 变压器缺油对运行有何危害？（　　）

A. 重瓦斯保护动作；　　B. 油温升高；

C. 严重时会导致绝缘击穿；　　D. 绕组受潮。

答案：BCD。

41. 变压器瓦斯保护主要能反应变压器（　　）。

A. 各种短路故障；　B. 匝间短路故障；　C. 油面降低；　D. 过负荷。

答案：BC。

42. 变压器并列运行时的条件是（　　）。

A. 变比相等；　B. 短路电压相同；　C. 复功率相等；　D. 接线组别相同。

答案：ABD。

43. 并联变压器间均衡电流对运行的影响是（　　）。

A. 增加损耗；　　B. 增加（减少）变压器负荷；

C. 减少损耗；　　D. 改变功率分配。

答案：AB。

44. 变压器中性点的接地方式是依据（　　）决定的。

A. 变压器绝缘水平；　　B. 系统容量；

C. 系统阻抗；　　D. 系统运行需要。

答案：AD。

45. 分析监控运行中发现的问题，对（　　）等进行重点分析。

A. 误报信号；　B. 漏报信号；　C. 事故信号；　D. 频发信号。

答案：ABD。

46. 下列什么天气情况下，调控员没有许可不得进行带电作业？（　　）

A. 雷；　B. 雪；　C. 雾；　D. 风力大于 5 级时。

答案：ABCD。

47. 故障处置原则为（　　）。
A. 尽速限制事故发展，消除事故的根源并解除对人身和设备安全的威胁；
B. 根据系统条件尽可能保持设备继续运行，以保证对用户的正常供电；
C. 尽速对已停电的用户恢复供电，对重要用户应优先恢复供电；
D. 调整电力系统的运行方式，使其恢复正常。
答案：ABCD。

48. 值班调控员在向设备运行维护单位发布巡线指令时应说明（　　）。
A. 线路状态；
B. 故障线路继电保护及安全自动装置动作情况、故障录波器测量数据等情况；
C. 故障的处理经过；
D. 找到故障后是否可以不经联系立即开始抢修。
答案：ABD。

49. 变压器跳闸，下述说法错误的是（　　）。
A. 重瓦斯和差动保护同时动作跳闸，未查明原因和消除故障之前不得强送；
B. 重瓦斯或差动保护之一动作跳闸，检查外部无异常可强送；
C. 变压器后备保护动作跳闸，进行外部检查无异常并经设备运行维护单位同意，可以试送一次；
D. 变压器后备保护动作跳闸，必须测量直流电阻。
答案：BD。

50. 下列属于电力系统安全自动装置的有（　　）。
A. 重合闸；　B. 低周减载；　C. 差动保护；　D. 高频切机。
答案：ABD。

51. 带电巡线是指在线路（　　）状态下进行的巡线。
A. 运行；　B. 热备用；　C. 冷备用；　D. 检修。
答案：ABC。

52. 电气设备操作中发生（　　）情况会构成事故。
A. 带负荷拉、合刀闸；
B. 对变压器充电时，励磁涌流过大造成差动保护动作跳闸；
C. 带电挂接地线或合接地刀闸；
D. 带接地线或接地刀闸合断路器。
答案：ACD。

53. 电网的无功补偿应以（　　）为原则，并应随负荷（或电压）变化进行调整。
A. 分区；　　B. 分层；　　C. 就地平衡；　　D. 总体平衡。
答案：ABC。

54. 电力系统过电压可分为的类型有（　　）。
A. 大气过电压；　　B. 工频过电压；　　C. 反击过电压；　　D. 操作过电压。
答案：ABD。

55. 允许用隔离开关进行下列操作（　　）。
A. 在系统无接地时拉、合电压互感器；　　B. 在无雷击时拉、合避雷器；
C. 拉合开关旁路隔离开关的旁路电流；　　D. 拉、合变压器中性点接地开关。
答案：ABC。

56. 电压互感器发生异常情况可能发展成故障时，下列哪些处理原则是正确的？（　　）
A. 不得用近控（就地）方法操作异常运行的电压互感器的高压隔离开关；
B. 不得将异常运行电压互感器的次级回路与正常运行电压互感器次级回路进行并列；
C. 不得将异常运行的电压互感器所在母线的母差保护停用或将母差改为非固定结线（单母差方式下）；
D. 无法采用高压刀闸进行隔离时，可用开关切断该电压互感器所在母线的电源，然后隔离故障电压互感器。
答案：ABCD。

57. 变电站母线停电，一般根据（　　）情况判断是否母线故障。
A. 现场天气；　　B. 保护和自动装置动作情况；
C. 开关信号；　　D. 事故现象（如火光、爆炸声等）。
答案：BCD。

58. 线路跳闸，以下情况中可以强送一次的有（　　）。
A. 电缆线路；　　B. 试运行线路；　　C. 长架空线路；　　D. 架空联络线。
答案：CD。

59. 以下情况中变压器可不立即停电处理的有（　　）。
A. 轻瓦斯告警；
B. 过负荷；
C. 油色变化过甚，油内出现碳质；
D. 在正常负荷和冷却条件下，变压器温度不正常且不断上升。
答案：AB。

60. 以下情况下要核相的有（　　）。

A. 新投运的线路； B. 更换新电流互感器；
C. 更换新电压互感器； D. 线路开断接入新变电站。
答案：ACD。

61. 当系统发生事故或异常情况时，值班人员应迅速正确地向有关值班调控员汇报内容（　　）。
A. 事故发生时间和现象； B. 设备名称和编号；
C. 跳闸断路器和继保动作情况； D. 一次及二次设备事故后状态。
答案：ABCD。

62. 下列情况下自动重合闸装置不应动作的有（　　）。
A. 由值班人员手动跳闸或通过遥控装置跳闸时；
B. 手动合闸由于线路上有故障而随即被保护跳闸时；
C. 继电保护动作时；
D. 出口继电器误碰跳闸时。
答案：AB。

63. 变压器负荷满载时，过负荷保护动作后将（　　）。
A. 跳三侧开关； B. 跳本侧开关； C. 发信； D. 不跳闸。
答案：CD。

64. 断路器异常现象有（　　）。
A. 断路器拒分闸； B. 断路器拒合闸；
C. 断路器非全相运行； D. 断路器跳闸。
答案：ABC。

65. 隔离开关在运行时发生烧红、异响等情况时，（　　）。
A. 应采取措施降低通过该隔离开关的潮流；
B. 可以采用合另一把母线隔离开关的方式；
C. 可以采用旁路代的方式；
D. 可以采用停用隔离开关的方式。
答案：ACD。

66. 变压器内部故障，（　　）保护可能动作。
A. 瓦斯； B. 零流； C. 过流； D. 差动。
答案：ACD。

67. 变压器过励磁主要是因为以下（　　）原因造成工作磁通密度增加，变压器的铁芯饱和。

A. 电压升高；　B. 电压下降；　C. 频率下降；　D. 频率升高。

答案：AC。

68. 两台并列运行的变压器进行有载调压，下列说法正确的是（　　）。
A. 升压操作时，应先操作负载电流较小的一台；
B. 升压操作时，应先操作负载电流较大的一台；
C. 降压操作时，应先操作负载电流较小的一台；
D. 降压操作时，应先操作负载电流较大的一台。

答案：AD。

69. 以下关于消弧线圈操作的说法正确的是（　　）。
A. 应先拉开消弧线圈隔离开关，再进行分接头调整；
B. 应先倒换分接头位置，再线路送电；
C. 系统接地报警时，禁止投切消弧线圈；
D. 系统接地报警时，应切除消弧线圈。

答案：ABC。

70. 变压器事故跳闸的处理注意事项有（　　）。
A. 若主保护（瓦斯、差动等）动作，未查明原因消除故障前不得送电；
B. 检查相关设备有无过负荷问题；
C. 有备用变压器或备用电源自动投入的变电站，当运行变压器跳闸时应先起用备用变压器或备用电源，然后再检查跳闸的变压器；
D. 如因线路故障，保护越级动作引起变压器跳闸，则故障线路断路器断开后，可立即恢复变压器运行。

答案：ABCD。

71. 当重合闸重合于永久性故障时，主要有的不利影响有（　　）。
A. 使电力系统又一次受到故障的冲击；
B. 使断路器的工作条件变得更加严重；
C. 在连续短时间内断路器要两次切断电弧；
D. 使中、短线路的零序电流保护不能充分发挥作用。

答案：ABC。

72. 备自投装置的基本要求有（　　）。
A. 工作电源断开后备用电源才允许投入；
B. 备自投投入备用电源断路器必须经过延时，延长时限应大于最长的外部故障切除时间；
C. 手动跳开工作电源时备自投装置也应动作；
D. 应具有闭锁备自投装置的逻辑功能以防止备用电源投到故障的元件上造成事故扩大的严重后果。

答案：ABD。

73. 新线路冲击正常后必须做（　　）。
A. 核相试验；　　B. 耐压试验；
C. 新线路两侧断路器相关保护带负荷试验；　　D. 参数实测试验。
答案：AC。

74. 小电流接地系统寻找单相接地点的每一项操作后，必须注意观察（　　）。
A. 绝缘监察信号的变化；　　B. 表计的变化；
C. 负荷的变化；　　D. 主变压器温度的变化。
答案：AB。

75. 单母线接线方式，若出线母线侧隔离开关发热，应（　　）。
A. 减轻负荷；　　B. 旁路代开关运行；
C. 若无旁路，最好将线路停电；　　D. 立即将该隔离开关所在母线停役处理。
答案：ABC。

76. 二次设备常见的异常和事故有（　　）。
A. 直流系统异常、故障；
B. 二次接线异常、故障；
C. 电流互感器、电压互感器等异常、故障；
D. 继电保护及安全自动装置异常、故障。
答案：ABCD。

77. 当电力系统出现（　　）时，将出现零序电流。
A. 不对称运行；　　B. 三相故障；　　C. 相间故障；　　D. 接地故障。
答案：AD。

78. 电压互感器和电流互感器在作用原理上的区别为（　　）。
A. 电流互感器二次可以短路，但不得开路；电压互感器二次可以开路，但不得短路；
B. 相对于二次侧的负载来说，电压互感器的一次内阻抗较小以至可以忽略，而电流互感器的一次却内阻很大；
C. 电压互感器正常工作时的磁通密度很低，电流互感器正常工作时磁通密度接近饱和值；
D. 故障时，电压互感器磁通密度下降；电流互感器磁通密度增加。
答案：ABD。

79. 变压器过负荷运行时，应（　　）。
A. 立即停电处理；　　B. 检查油位和油温的变化；
C. 转移负荷；　　D. 检查冷却器装置投入量是否足够。

答案：BCD。

80. 调控员在运行操作前应考虑（　　）。
A. 接线方式改变后电网的稳定性和合理性；
B. 对通信、自动化等设备的影响；
C. 功率、电压、频率的变化；
D. 保护及安自装置的配置是否合理。
答案：ABCD。

81. 电容器的保护动作中，需经检查后方可投入的有（　　）。
A. 过电压保护动作；　　B. 过流保护动作；
C. 不平衡保护动作；　　D. 欠压保护动作。
答案：ABC。

82. 电容器在充电过程中，其（　　）
A. 充电电流不能发生突变；　　B. 两端电压不能发生突变；
C. 储存能量不能发生突变；　　D. 储存电场能发生突变。
答案：BC。

83. 母线失电的原因有（　　）。
A. 母线故障；　B. 断路器拒动；　C. 保护拒动；　D. 线路故障。
答案：ABCD。

84. 线路强送端的选择，除考虑线路正常送电注意事项外，还应考虑（　　）。
A. 一般宜从距离故障点远的一端强送；
B. 避免在振荡中心和附近进行强送；
C. 强送时要注意对邻近线路暂态稳定的影响，必要时可先降低其输送电力后再进行强送电；
D. 线路跳闸或重合不成功的同时，伴有明显系统振荡时，不应马上强送，需检查并消除振荡后再考虑是否强送电。
答案：ABCD。

85. 系统解列时，需将解列点的有功功率调至（　　），电流调至（　　），下列描述不正确的是（　　）。
A. 零，最小；　B. 零，最大；　C. 最大，最大；　D. 最大，零。
答案：BCD。

86. 恢复送电时必须注意防止（　　）。
A. 非同期并列；　　B. 空充线路；

C. 向有故障的电源线路反送电；　　D. 电压下降。

答案：AC。

87. 变电站全停的原因有哪些？（　　）

A. 变电站母线故障，母线失电；

B. 母线上元件故障时断路器拒动，导致失灵保护动作，母线失电；

C. 变电站外部联络线停电；

D. 站用直流电源消失，被迫将全站停电。

答案：ABCD。

88. 以下哪些可作为变电站站用电电源？（　　）

A. 主变压器低压侧站用变压器；　　B. 专用高压站用变压器；

C. 外接站用电源；　　D. 蓄电池。

答案：ABC。

89. 变电站全停后现场人员应如何处理？（　　）

A. 变电站全停，运行值班人员应首先设法恢复受影响的站用电，有条件的应启动备用柴油发电机；

B. 按规程规定立即将多电源间可能联系的断路器拉开，若双母线母联断路器没有断开应首先拉开母联断路器，防止突然来电造成非同期合闸；

C. 尽快查清是本站故障还是因外部故障导致本厂停电；

D. 检查是否有出线线路侧有电压，如果发现带电线路，则立即合入该线路断路器给失电母线送电。

答案：ABC。

90. 当变电站全停，且与调度失去联系时，现场值班员应该如何处理？（　　）

A. 将各电源线路轮流接入有电压互感器的母线；

B. 发现来电后立即恢复站用负荷；

C. 向单位总工汇报情况，等待处理方案；

D. 不做任何处理措施。

答案：AB。

91. 发电厂保安段电源失去会有什么影响？（　　）

A. 导致各种重要转机的润滑油系统失去电源，引起转机轴瓦磨损；

B. 导致密封油系统失去电源，造成氢气泄漏；

C. 导致热控装置失去电源，造成各种热工保护的误动或拒动；

D. 导致主变压器冷却系统全停。

答案：ABC。

92. 断路器在运行中出现闭锁分合闸时应采取什么措施？（　　）

A. 断路器出现“合闸闭锁”尚未出现“分闸闭锁”时，可根据情况下令拉开此断路器；

B. 断路器出现“分闸闭锁”时，应尽快将闭锁断路器从运行系统中隔离；

C. 断路器出现“合闸闭锁”尚未出现“分闸闭锁”时，不准拉开断路器；

D. 断路器出现“分闸闭锁”时，可以直接拉断路器。

答案：AB。

93. 遥控操作满足（　　）条件时，调控人员可实行单人操作。

A. 遥控操作判据；　　B. 具备遥控防误闭锁功能；

C. 自动记录手段；　　D. 具有视频监控系统。

答案：ABC。

94. 哪些情况下不许调整变压器有载调压装置的分接开关？（　　）

A. 变压器过负荷运行；　　B. 轻瓦斯频繁动作；

C. 有载调压装置油标无油；　　D. 调压次数超过规定值。

答案：ABCD。

95. 无功电压调度管理主要内容包括（　　）。

A. 确定电压考核点、电压监视点；

B. 编制季度（月度）电压曲线；

C. 指挥直调系统无功补偿装置运行，确定调整变压器分接头位置；

D. 统计考核电压合格率。

答案：ABCD。

96. 监控远方操作前后，值班监控员应检查核对设备（　　）；若对设备状态有疑问，应通知输变电设备运维人员核对设备运行状态。

A. 名称；　　B. 编号；

C. 断路器、隔离开关的分、合位置；　　D. 接地情况。

答案：ABC。

97. 电力系统电压调整常用方法有（　　）。

A. 增减无功功率进行调压；　　B. 改变有功、无功分布进行调压；

C. 改变网络参数进行调压；　　D. 通过静止无功补偿器可控高抗调整。

答案：ABCD。

98. 下列倒闸操作中，具备监控远方操作条件的开关操作，原则上应由调控中心远方执行（　　）。

A. 一次设备计划停送电操作；

B. 故障停运线路远方试送操作；

C. 无功设备投切及变压器有载调压开关操作；
D. 负荷倒供、解合环等方式调整操作。
答案：ABCD。

99. 遇有下列哪些情况，应对变电站相关区域或设备开展特殊监视？（　　）
A. 设备有严重或危急缺陷，需加强监视时；　B. 新设备试运行期间；
C. 设备重载或接近稳定限额运行时；　D. 重点时期及有重要保电任务时。
答案：ABCD。

100. 异常信息是反映设备运行异常情况的报警信息和影响设备遥控操作的信息，主要包括（　　）。
A. 一次设备异常告警信息；　B. 二次设备、回路异常告警信息；
C. 自动化、通信设备异常告警信息；　D. 开关异常变位信息。
答案：ABC。

101. 当监控系统报出下列哪些信息时，应立即进行处理？（　　）
A. 线路保护主保护出口；　B. 线路保护装置电流互感器断线；
C. 线路保护重合闸出口；　D. 断路器控制回路断线。
答案：AC。

102. 值班监控员接到运维单位缺陷消除的报告后应进行（　　）工作。
A. 与运维单位核对监控信息；　B. 填写缺陷发展及处理情况；
C. 确认异常情况恢复正常；　D. 填写缺陷验收情况。
答案：ACD。

103. 出现以下哪些情况，调控中心应组织开展监控信息验收？（　　）
A. 新建、改建、扩建工程投产；
B. 变电站综自系统改造、变电站远动机或其他变电站终端设备更换；
C. 调度监控系统更换；
D. 在远动主机或其他远动终端工作，引起远动数据库变动。
答案：ABCD。

104. 设备缺陷导致设备发生哪些情况时，值班监控员应立即报告值班调控员？（　　）
A. 设备退出运行；　B. 电网运行方式改变；
C. 保护装置故障；　D. 故障录波器启动。
答案：ABC。

105. 变电站监控信息联调验收应具备的条件是（　　）。
A. 变电站监控系统已完成验收工作，监控数据完整、正确；

B. 相关调度技术支持系统已完成数据维护工作；
C. 在影响监控系统对电网设备正常监视的缺陷处理完成后；
D. 相关远动设备、通信通道应正常、可靠。
答案：ABD。

106. 下列哪项属于断路器危急缺陷？（ ）
A. 导电回路部件温度超过设备允许的最高运行温度；
B. 安装地点的短路电流超过断路器的额定短路开断电流；
C. 断路器的累计故障开断电流超过额定允许的累计故障开断电流；
D. 导电回路部件有严重过热或打火现象。
答案：BCD。

107. 以下缺陷描述中，属于严重缺陷的是（ ）。
A. 主变压器本体轻瓦斯告警； B. 主变压器本体压力释放告警；
C. 主变压器本体油温高告警； D. 主变压器本体油位异常。
答案：ACD。

108. 监控远方操作范围为（ ）。
A. 拉合开关的单一操作； B. 调节变压器有载分接开关；
C. 投切电容器、电抗器； D. 其他允许的遥控操作。
答案：ABCD。

109. 调度监控实时数据包括（ ）。
A. 电网运行数据； B. 电网故障信号； C. 设备监控数据； D. 告警直传信息。

答案：ABC。

110. 按信源分，遥信信号可分为（ ）。
A. 事故信号； B. 告警信号； C. 硬接点信号； D. 软报文信号。
答案：CD。

111. 电压互感器的二次侧接有（ ）和自动装置。
A. 距离保护； B. 方向保护；
C. 自投装置； D. 低电压闭锁或复合电压闭锁装置。
答案：ABCD。

112. 倒闸操作可以通过（ ）完成。
A. 就地操作； B. 检修操作； C. 遥控操作； D. 程序操作。
答案：ACD。

113. 属于事故类的信息是（　　）。
A. 保护跳闸出口；
B. 保护重合闸出口；
C. 开关机构三相不一致跳闸出口；
D. 开关储能电机故障。
答案：ABC。

114. 遥测信息的主要内容有（　　）。
A. 有功功率、无功功率；
B. 断路器位置信号；
C. 母线电压；
D. 继电保护、自动装置的动作信号。
答案：AC。

115. 线路保护动作，开关跳闸后，监控员应迅速记录（　　）。
A. 发生时间；　B. 设备名称；　C. 信号名称；　D. 开关变位。
答案：ABCD。

116. 小电流接地系统发出“单相接地”信号的原因有（　　）。
A. 发生单相接地；
B. 电压互感器高压侧一相断开；
C. 产生铁磁谐振过电压；
D. 电压互感器低压侧一相熔丝熔断。
答案：ABC。

117. 主站端后台和现场后台单个间隔遥测数据均死，问题最有可能出现在（　　）。
A. 总控；　B. 站内以太网；　C. 测控装置；　D. 电流互感器。
答案：CD。

118. AVC 控制对象包括（　　）。
A. 发电机（包括调相机）；
B. 有载调压变压器；
C. 并联电容/电抗器；
D. 静止无功补偿器（SVC）。
答案：ABCD。

119. 设备遇有下列哪些情况时，不允许进行监控远方操作？（　　）
A. 设备未通过遥控验收；
B. 设备存在缺陷或异常不允许进行遥控操作时；
C. 设备正在进行检修时（遥控验收除外）；
D. 监控系统异常影响设备遥控操作时。
答案：ABCD。

120. 测控装置远方就地切换开关在就地位置，（　　）。
A. 监控后台可以遥控操作；
B. 监控后台不可以遥控操作；
C. 现场后台可以遥控操作；
D. 现场后台不可以遥控操作。
答案：BD。

121. 越限信息应包含（　　）。

A. 电流；　　B. 电压；　　C. 有功；　　D. 温度。

答案：ABCD。

122. 下列可能造成监控系统发出“断路器控制回路断线”信号的原因是（　　）。

A. 二次回路接线松动；

B. 断路器辅助接点接触不良合闸或分闸位置继电器故障；

C. 分合闸线圈损坏；

D. 控制保险熔断或空气开关跳闸。

答案：ABCD。

123. 下列可能造成监控系统发出“线路保护装置告警”信号的原因是（　　）。

A. 内部通信出错；　　B. 装置长期启动；

C. 保护装置插件或部分功能异常；　　D. 通道异常。

答案：ABCD。

124. 下列可能造成监控系统发出“主变压器本体轻瓦斯告警”信号的原因是（　　）。

A. 主变压器内部发生轻微故障；　　B. 因温度下降或漏油使油位下降；

C. 储油柜空气不畅通；　　D. 气体继电器本身有缺陷。

答案：ABCD。

125. 下列哪几项属于事故信息？（　　）

A. 全站事故总信息；　　B. 一次设备异常告警信息；

C. 单元事故总信息；　　D. 开关异常变位信息。

答案：ACD。

126. 下列哪项属于继电保护危急缺陷？（　　）

A. 设备的主保护直流消失装置异常；

B. 监控系统信号故障喇叭试验喇叭不响；

C. 一次设备的主保护装置异常设备处于无主保护状态；

D. 保护电压回路异常 电压互感器二次失压或断线。

答案：ACD。

127. “保护装置告警”合并了哪些信号？（　　）

A. 保护通道异常；　　B. 保护装置告警；

C. 电流互感器断线；　　D. 电压互感器断线。

答案：ABCD。

128. 下列造成监控系统发出“电流互感器 SF_6 气压低报警”信号的原因可能是（　　）。

A. GIS 开关电流互感器气室 SF_6压力低；　B. 密度继电器失灵或 SF_6压力表损坏；
C. 环境温度剧烈下降；　D. SF_6 电流互感器漏气。
答案：BCD。

129. 属于异常类的信息是（　　）。
A. 装置告警；　B. 电机打压超时；
C. 低频减载动作；　D. 保护电流互感器断线。
答案：ABD。

130. 下列（　　）信息属于遥信信息。
A. 断路器分、合状态；　B. 隔离开关分、合状态；
C. 时间顺序记录；　D. 返送校核信息。
答案：AB。

131. 以下线路保护信号中，属于异常类信号的有（　　）。
A. 保护动作；　B. 保护装置异常；　C. 保护通信中断；　D. 保护通道异常。
答案：BCD。

132. 监控遥控操作失败时，可能的原因有（　　）。
A. 控制回路断线；　B. 分合闸闭锁；
C. 测控装置通信中断；　D. 测控装置就地控制。
答案：ABCD。

133. 值班调控员能发现变压器（　　）情况，应加强监视，同时立即通知操作班。
A. 主变压器过载；　B. 声音异常；
C. 轻瓦斯保护动作；　D. 套管放电。
答案：AC。

134. 调控人员的控制操作方式一般有（　　）。
A. 就地遥控；　B. 监护遥控；　C. 间接遥控；　D. 单人遥控。
答案：BD。

135. 监控信息表内容含有（　　）。
A. 遥测；　B. 遥信；　C. 遥控；　D. 遥视。
答案：ABC。

136. 监控告警窗收到线路开关跳闸、重合成功信息，但未收到“线路保护出口”信号，监控员应考虑可能的原因有（　　）。
A. “线路保护出口”信号被告警抑制；　B. “线路保护出口”信号不在本责任区；

C. 开关偷跳； D. 远动通道有问题。

答案：ABC。

137. 事故发生后，监控值班员应注意查看（ ），判断非误遥信。

A. 事故报文； B. 遥信变位； C. 遥测变化； D. 视频监控。

答案：ABCD。

138. 监控如果不能完成遥控操作可能由（ ）原因造成。

A. 开关柜就地/远方开关在就地位置； B. 测控单元出口继电器故障；

C. 测控单元遥控压板未投； D. 断路器控制回路断线。

答案：ABCD。

三、判断题

1. 变压器的阻抗电压就是短路电压。

答案：正确。

2. 变压器空载合闸会产生励磁涌流，其各侧均有电流。

答案：错误。

3. 变压器充电时，重瓦斯应投信号。

答案：错误。

4. 低一级电网中的任何元件发生各种类型的故障均不得影响高一级电网的稳定运行。

答案：正确。

5. 自耦变压器的中性点需根据运行方式安排是否直接接地运行。

答案：错误。

6. 三相重合闸方式即任何类型故障，保护动作三相跳闸三相重合，重合不成跳开三相。

答案：正确。

7. 变压器空载时无电流流过。

答案：错误。

8. 为了改善电力系统的功率因数，变压器不应空载运行或长期处于低负载运行状态。

答案：正确。

9. 变压器分接头调压不能增减系统的无功，也不能改变无功分布。

答案：错误。

10. 主变压器本体油温过高告警属于危急缺陷。

答案：正确。

11. 电力系统发生事故时，首先要想办法恢复对重要用户的供电。

答案：错误。

12. 联结组别不同的变压器，在有些情况下（如电压等级较低）也允许并列运行。

答案：错误。

13. 所有线路、变压器、母线的保护均需引入母线电压。

答案：错误。

14. 开关机构箱远方就地切换开关切就地位置和相应开关测控装置远近控开关切就地位置时，主站端都不能对该开关进行遥控操作，所以两个切换开关切就地位置对相应开关影响是一样的。

答案：错误。

15. 变压器运行中冷却器全停时，冷却器全停保护动作，其动作后应立即切除变压器。

答案：错误。

16. 变压器的主保护（包括重瓦斯、差动保护）同时动作跳闸，未经查明原因和消除故障之前，不得进行强送。

答案：正确。

17. 调控员在进行事故处理时，可不用填写操作命令票和相关事故处理记录。

答案：错误。

18. 为提高保护动作的可靠性，不允许交、直流回路共用同一根电缆。

答案：正确。

19. 调度管辖、调度许可和调度同意的设备，严禁约时停送电。

答案：正确。

20. 对于事故及异常处理时采用口令操作，调控人员必须按照口令操作的流程完成，可不填写操作票，但必须做好记录。

答案：正确。

21. 断路器遮断容量受限时，应停用线路重合闸。

答案：正确。

22. 线路断路器跳闸重合或强送成功后，随即出现单相接地故障时，应首先判定该线路为故障线路，并立即将其断开。

答案：正确。

23. 正常运行中的电流互感器一次最大负荷不得超过 1.2 倍额定电流。

答案：正确。

24. 消弧线圈从一台变压器的中性点切换到另一台变压器的中性点时，必须先将消弧线圈断开后再切换。不得将两台变压器的中性点同时接到一台消弧线圈的中性母线上。

答案：正确。

25. 各电力用户应遵守无功补偿配置安装、投切、调整的有关规定，保证负荷的功率因数满足规定要求，可向电网倒送无功功率。

答案：错误。

26. 在停电设备上进行，且对运行电网不会造成较大影响的临时检修，值班调控员有权批准。

答案：正确。

27. 容量不同的变压器不可以并列运行。

答案：错误。

28. 事故发生后，发现有装设备自投装置未动作的断路器，可以立即给予送电。

答案：错误。

29. 长期对重要线路充电时，应投入线路重合闸。

答案：错误。

30. 电网无功补偿的原则一般是按全网平衡原则进行。

答案：错误。

31. 过电流保护在系统运行方式变小时，保护范围将变大。

答案：错误。

32. 在变压器中性点装设消弧线圈目的是补偿电网接地时电容电流。

答案：正确。

33. 在交接班过程中发生事故，应立即迅速交接班，并由接班人员负责处理，交班人员应根据接班人员的要求协助处理。

答案：错误。

34. 备用电源自投装置投入备用电源断路器必须经过延时，延长时限应大于最长的外部故障切除时间。

答案：正确。

35. 当发生直流接地时，应暂停正在二次回路上的工作，检查接地是否由工作引起，待查明原因后，再恢复工作。

答案：正确。

36. 任何情况下变压器均不能过负荷运行。

答案：错误。

37. 对已停电的设备，在未获得调度许可开工前，应视为有随时来电的可能，严禁自行进行检修。

答案：正确。

38. 变压器的瓦斯保护范围在差动保护范围内，这两种保护均为瞬动保护，所以能启动瓦斯动作的故障也能启动差动保护。

答案：错误。

39. 未经值班调控人员许可，任何人不得操作调控机构调度管辖范围内的设备（电网运行遇有危及人身和设备安全的情况除外）。

答案：正确。

40. 在电气设备上工作，保证安全的组织措施是：停电、验电、装设接地线、悬挂标识牌和装设遮拦。

答案：错误。

41. 如定性为缺陷的，应按照缺陷流程进行处置，并做好记录；对于一般缺陷，应做好相应的风险防控预案。

答案：错误。

42. 新线路的投运以及可能使相位变动的检修，送电前都必须核对相序。

答案：错误。

43. 变压器经济运行目的是在供电量相同的情况下，最大限度地降低变压器的无功损失。

答案：错误。

44. 在任何情况下，都允许用隔离开关带电拉、合电压互感器及避雷器。

答案：错误。

45. 无载调压变压器可以在变压器空载运行时调节分接开关。

答案：错误。

46. 开关在合闸状态下发弹簧未储能只会影响开关重合闸，不会影响开关分闸。

答案：正确。

47. 线路断路器由于人员误操作或误碰而跳闸，现场运行人员应立即强送并向值班调控员汇报。

答案：错误。

48. 未装重合闸或重合闸故障退出的线路（不包括电缆线路），断路器跳闸后，现场值班人员可不待调度指令立即强送电一次。

答案：错误。

49. 母线电压互感器更换后，应安排核相。

答案：正确。

50. 特殊运行方式是指主干线路、大联络变压器等设备检修及其他对系统稳定运行影响较严重的运行方式。

答案：正确。

51. 当单回线发生单相永久接地故障重合不成功或无故障断开不重合时，若继电保护、重合闸和断路器均能正确动作，则必须保持电力系统稳定运行和电网的正常供电。

答案：错误。

52. 变压器油温越限应立即停役该变压器。

答案：错误。

53. 母联断路器向空母线充电后，发生了谐振，应立即拉开母联断路器使母线停电，以消除谐振。

答案：正确。

54. 电磁环网中高压线路故障断开时，系统间的联络阻抗将显著增大。

答案：正确。

55. 当小系统的主供线路跳闸后，若小系统内有小电源支撑，则必须将所有小电源解列后才允许备自投动作。

答案：正确。

56. 变压器额定负荷时强油风冷装置全部停止运行，此时其上层油温不超过 75° C 就可以长时间运行。

答案：错误。

57. 在电网无接地故障时，允许用隔离开关拉合电流互感器。

答案：错误。

58. 变压器并联运行时，因变比不同，变压器间会产生均衡电流，但该电流不会增加变压器损耗。

答案：错误。

59. 变压器的过负荷保护应动作于跳闸。

答案：错误。

60. 强迫油循环风冷变压器的最高上层油温一般不得超过 75℃，油浸自冷、风冷变压器上层油温不宜经常超过 85℃，最高一般不得超过 95℃。

答案：正确。

61. 有载调压变压器分接头，可以放在高压绕组线端侧，也可以放在高压绕组中性点侧。

答案：正确。

62. 新投入的变压器或大修后变动过内外连接线的变压器，在投入运行前必须进行定相。

答案：正确。

63. 联结组别是表示变压器一、二次绕组的连接方式及相电压之间的相位差，以时钟表示。

答案：错误。

64. 电压互感器发生异常情况（如严重漏油，并且油位看不见），随时可能发展成故障时，必须用断路器切断电压互感器所在母线的电源。

答案：正确。

65. 在小电流、低电压的电路中，隔离开关具有一定的自然灭弧能力。

答案：正确。

66. 值班调控员在独立值班之前应经培训、实习和考试合格，经有关领导批准后，方可正式值班，并书面通知各有关单位。

答案：正确。

67. 在 110kV 及以下电网中，线路都采用三相操作机构，电网继电保护的配置原则是“远后备”，即依靠上一级保护装置的动作来断开下一级未能断开的故障，因而没有设置断路器失灵保护的必要。

答案：正确。

68. 变压器在投运前做冲击试验是为了检验重瓦斯保护是否可靠。

答案：错误。

69. 消弧线圈装置拒动属于危急缺陷。

答案：错误。

70. 容量相同的变压器并列运行时，若短路电压不等时，短路电压小的变压器易过负荷。

答案：正确。

71. 提高电力系统静态稳定性的根本措施是缩短电气距离。

答案：正确。

72. 合并遥信虽然在调控主站端以单个遥信形式显示，但在厂站端则是由多个遥信计算合并而成。

答案：正确。

73. 事故信息是指反映各类事故的监控信息，包括全站事故总信息，各类保护、安全自动装置动作信息，开关异常变位信息。

答案：正确。

74. 告知信息是指一般的提醒信息，包括油泵启动、隔离开关变位、主变压器分接开关挡位、故障录波启动。

答案：正确。

75. 对相关间隔进行“告警抑制”后，相关告警信息将不出现在告警窗中，也不可以通过告警查询查到。

答案：错误。

76. 注释牌是常用的标示牌，其作用是对一些信号进行封锁并说明封锁原因。

答案：错误。

77. 对于停电的一次设备，遥控验收应进行实控验证，实际操作传动开关、软压板等。
答案：正确。

78. 设备告警信息发生时，值班调控员对重要信息做好记录及初步分析判断，并通知运维人员到现场检查核实。
答案：正确。

79. 变电站测控装置遥控连接片退出，会造成主站端遥控预置不成功。
答案：错误。

80. 主变压器有载轻瓦斯动作时不得进行主变压器有载遥调操作。
答案：正确。

81. 正常运行时，受控站内的断路器应具备远方操作条件，运行或热备用状态时，其遥控方式选择断路器应置于“远方”位置。
答案：正确。

82. 调控机构的监控系统应具备可靠的防误操作功能，并实现远方操作与调度指令的关联闭锁，防止误拉、合断路器。
答案：正确。

83. 值班监控（调控）员对远方操作结果有疑问或相关间隔出现异常信号时，应查明情况，必要时需通知变电运维人员到现场核对设备状态。
答案：正确。

84. 变电站远方操作范围内的开关必须通过调控主站遥控功能验收，方能许可实际远方遥控操作。遥控功能验收应留存完备的验收记录。
答案：正确。

85. 主变压器本体轻瓦斯告警属于危急缺陷。
答案：错误。

86. “开关 SF_6 气压低闭锁”属于事故信息。
答案：错误。

87. “重合闸动作”属于事故信息。
答案：正确。

88. 告知信息与变位信息不属于监控员正常监视信息。

答案：错误。

89. 全站事故总信号由总控装置的生成后，在较短的时间内应自动复归，但有关的间隔事故总信号需要由调控人员远方复归或者运维人员现场复归。

答案：正确。

90. 断路器“控制回路断线”光字牌，表示断路器控制回路断线，此时应检查断路器直流操作电源是否断开。

答案：正确。

91. 异常信息是指反映电网设备非正常运行状态的监控信息，包括一次设备异常告警信息、二次设备、回路异常告警、信息自动化、通信设备异常告警信息。

答案：正确。

92. 对于停电的一次设备，遥测验收由试验人员通过外加信号源的方式模拟产生电流、电压、温度等遥测信息。

答案：正确。

93. 自动化系统设置原因，如系统越限延迟时间未设置，导致遥测值在限值附近时，越限信息频发。

答案：正确。

94. 线路开关“间隔事故总”信号在开关偷跳时发出，在线路保护动作，开关跳闸时不会发。

答案：错误。

95. 事件顺序记录 SOE 包括断路器跳合闸记录、保护顺序记录、遥测越限记录。

答案：错误。

96. 配有弹簧操作机构的断路器，当合闸弹簧未储能时，断路器在分闸位置时会发出控制回路断线信号，而断路器在合闸位置时则不会发控制回路断线信号。

答案：正确。

97. 对于保护、测控合一的保护测控装置，可以用通信中断信号代替装置故障及直流电源消失信号。

答案：错误。

98. 按照信息采集规范设计，当“保护 TV 失压”信号动作，一定会伴随“保护装置告警”动作。

答案：正确。

99. 当保护装置通信中断，只会影响保护装置软报文信号的上传，不会影响保护装置硬接点信号的上传。

答案：正确。

100. 变压器过负荷运行时不允许调节有载调压装置的分接开关。

答案：正确。

101. 变电运维人员日常巡视检查和现场工作时，如发现受控站内断路器因故不能进行远方操作，应及时汇报值班监控（调控）员。

答案：正确。

102. 监控职责临时移交时，监控员应以录音电话方式与运维单位明确移交范围、时间、移交前运行方式等内容，并做好相关记录。

答案：正确。

103. 调控人员在工作站上可以看到电网运行的测量、状态信息，也能发出控制命令、查询历史数据、进行挂牌。

答案：正确。

104. 监控常用的标示牌有检修牌、封锁牌、注释牌等。

答案：正确。

105. 越限信息是指遥测量越过限值的告警信息。

答案：正确。

106. 无功补偿装置宜采用自动控制方式。尽量采用 AVC 系统自动调节电网电压和无功。

答案：正确。

107. 配网线路带电作业，根据带电作业负责人要求可不需要退重合闸的，当线路跳闸重合失败后，调控员可根据线路重要性直接遥控强送一次。

答案：错误。

第四章　配电网方式计划

一、单选题

1. 配电网正常运行方式安排应紧密结合配电自动化终端改造，合理利用馈线自动化，使配电网具有一定的（　　）能力。

A. 自愈；　　B. 互动；　　C. 可靠；　　D. 兼容。

答案：A。

2. 对架空线路，严禁使用（　　）作为线路联络点，规避操作风险。

A. 柱上开关；　　B. 环网柜开关；　　C. 单一隔离开关；　　D. 以上都可以。

答案：C。

3. 对已经进行配电自动化改造的线路，联络点优先选择具备（　　）功能的开关。

A. 遥信；　　B. 遥测；　　C. 遥控；　　D. 以上都不可以。

答案：C。

4. 10（20）kV 外来电源通过变电站母线转供其他出线时，应考虑电源侧保护定值调整，不包括哪一项？（　　）

A. 被转供的 10（20）kV 线路重合闸停用；　　B. 联络线开关进线保护；

C. 联络线开关重合闸停用；　　D. 被转供的 10（20）kV 线路保护。

答案：D。

5. 双母线接线方式，两回进线分供母线，母联开关热备用，备自投可启用什么方式？（　　）

A. 母联备投方式；　　B. 线路备投方式；　　C. 桥备投方式；　　D. 分段备投方式。

答案：A。

6. 单母线分段接线方式，两回进线分供母线，分段开关热备用，备自投可启用什么方式？（　　）

A. 母联备投方式；　　B. 线路备投方式；　　C. 桥备投方式；　　D. 分段备投方式。

答案：D。

7. 单母线接线方式，一回进线供母线，其余进线开关热备用，备自投可启用什么方式？（　　）

A. 母联备投方式；　　B. 线路备投方式；　　C. 桥备投方式；　　D. 分段备投方式。

答案：B。

8. 内（外）桥接线、扩大内桥接线方式，两回进线分供母线，内（外）桥开关热备用，备自投可启用什么方式？（　　）

A. 母联备投方式；　B. 线路备投方式；　C. 桥备投方式；　D. 分段备投方式。

答案：C。

9. 220kV 变电站的 35～110kV 母线电压允许偏差为额定电压的（　　）。

A. 0%～+7%；　B. 0%～+10%；　C. –3%～+7%；　D. 5%～+10%。

答案：C。

10.《国家电网公司安全事故调查规程》规定，造成电网减供负荷（　　）MW 以上（　　）MW 以下构成六级电网事件。

A. 30，100；　B. 40，100；　C. 50，150；　D. 100，200。

答案：B。

11.《国家电网公司安全事故调查规程》规定，造成电网减供负荷（　　）MW 以上构成五级电网事件。

A. 50；　B. 100；　C. 150；　D. 200。

答案：C。

12.《国家电网公司安全事故调查规程》规定，一般电网事故是指（　　）。

A. 三级电网事件；　B. 四级电网事件；　C. 五级电网事件；　D. 六级电网事件。

答案：B。

13. 以下检修情况下运行方式安排原则中，不正确的是（　　）。

A. 优先考虑带电作业；　B. 减少停电范围；

C. 及时恢复正常方式；　D. 尽量避免带电工作。

答案：D。

14. 上级电网中变电站全停时，需将该站负荷尽可能通过低压侧移出，确无办法需停电的应在月度停电平衡会上明确（　　）。

A. 停电线路名称、范围及时间；　B. 停电线路名称及编号；

C. 停电线路名称及时间；　D. 停电线路范围及时间。

答案：A。

15. 上级电网中双线供电（或高压侧双母线）的变电站，当一条线路（或一段母线）故障时，在负荷允许的情况下，优先考虑（　　）。

A. 负荷全部由另一回线路（或另一段母线）供电；

B. 负荷部分由另一回线路（或另一段母线）供电；
C. 暂不恢复供电；
D. 负荷少量由另一回线路（或另一段母线）供电。
答案：A。

16. 因事故造成变电站全停时，优先恢复（ ）。
A. 重要用户； B. 双电源； C. 所用电； D. 保电用户。
答案：C。

17. 10（20）kV 线路故障在故障点已隔离的情况下，尽快恢复非故障段供电。转供时应避免（ ）。
A. 单电源供电方式； B. 电压波动；
C. 带供线路及上级变压器过负荷； D. 负荷分配不均衡。
答案：C。

18. 在重大节日、重要保电等时段内，正常运行方式应确保电力系统连续可靠运行，采用（ ）运行。
A. 全接线全保护； B. 双套保护； C. 主备保护； D. 全线灵敏保护。
答案：A。

19. 接入分布式电源的配电网线路，系统侧宜采用（ ）重合闸方式。
A. 检无压三相； B. 检同期三相； C. 检无压单相； D. 检同期单相。
答案：A。

20. 多台小电阻接地方式的变压器并列运行，接地点个数是多少？（ ）
A. 两个； B. 一个；
C. 有且仅有一个； D. 依据保护情况而定。
答案：C。

21. 经分段、母联开关并列运行的变压器，其分段、母联开关应启用（ ）。
A. 过流保护； B. 重合闸； C. 备自投； D. 速断保护。
答案：A。

22. 配电线路的合、解环点一般不宜选择在（ ）。
A. 环网柜； B. 柱上开关； C. 开关站； D. 用户进线开关。
答案：D。

23. 具备负荷转供能力的接线方式，应充分考虑配电网发生（ ）故障时的设备承载能力，并满足所属供电区域的供电安全水平和可靠性要求。

A. 两相短路；　　B. 单相接地；　　C. N–1；　　D. N–2。

答案：C。

24. 下列哪项不是配电网年度运行方式编制的要求？（　　）

A. 应提前组织规划、建设、营销、运检等相关部门开展技术收资工作，保证年度方式分析结果准确；

B. 应核对配电网设备安全电流，确保设备负载不超过规定限额；

C. 配网年度方式与主网年度方式各自独立编制完成并印发；

D. 短路容量不超过各运行设备规定的限额。

答案：C。

25. 主变压器检修时，遇有高危双电源客户供电情况，应尽量通过调整（　　），确保该类客户双电源供电。

A. 检修时间；　　B. 变电站低压侧供电方式；

C. 变电站高压侧供电方式；　　D. 系统电压。

答案：B。

26. 变电站全停检修时，应合理安排方式保证（　　）的可靠供电。

A. 站用电；　　B. 馈供线路；　　C. 联络线路；　　D. 以上都不是。

答案：A。

27. （　　）是指设备的定期检修、维修、试验和测控装置、继电保护及安全自动装置的定期维护、试验等。

A. 计划检修；　　B. 重要检修；　　C. 非计划检修；　　D. 临时检修。

答案：A。

28. （　　）是指非计划性检修，即未列入或无法列入月度检修计划和节日检修计划的检修项目。

A. 计划检修；　　B. 临时检修；　　C. 非计划检修；　　D. 定期检修。

答案：B。

29. 正常运行方式下的电力系统中任一元件（如线路、发电机、变压器等）无故障或因故障断开，电力系统应能保持稳定运行和正常供电，其他元件不过负荷，电压和频率均在允许范围内，这通常称为（　　）原则。

A. 系统稳定；　　B. 抗扰动；　　C. N–1；　　D. N–2。

答案：C。

30. （　　）是指在被保护对象末端短路时，系统的等值阻抗最大，通过保护装置的短路电流为最小的运行方式。

A. 最大运行方式； B. 最小运行方式； C. 正常运行方式； D. 事故运行方式。
答案：B。

31. 变压器停送电操作时，其中性点为什么一定要接地？（ ）
A. 减小励磁涌流； B. 主变压器零序保护需要；
C. 主变压器间隙保护需要； D. 防止过电压损坏主变压器。
答案：D。

32. 据电网（ ）运行方式的短路电流值校验继电保护装置的灵敏度。
A. 最小； B. 最大； C. 最简单； D. 最复杂。
答案：A。

33. 变电站间配网联络线正常方式时一侧运行，一侧（ ），以便于及时转供负荷、保证供电可靠性。
A. 冷备用； B. 热备用； C. 运行； D. 检修。
答案：B。

34. 关于不对称运行给系统的带来的影响，以下错误的是（ ）。
A. 对变压器的影响主要是影响经济性，变电容量不能充分利用；
B. 对用户的影响主要是电压的不对称，影响电能质量从而影响电器寿命；
C. 对异步电动机的影响主要是影响电动机的输出功率；
D. 继电保护由于一般按最大负荷电流整定，即使断线正常也不会动作，所以没有实质性的影响。
答案：D。

35. 具有简单清晰、设备少、投资小、运行操作方便且有利于扩建等优点，但可靠性和灵活性较差的接线方式是（ ）。
A. 3/2 接线； B. 双母线； C. 单母线； D. 母线分段加旁路。
答案：C。

36. 新投产变压器在第一次投入运行时，应在额定电压下冲击合闸（ ）次，并应进行核相。有条件时应先进行零起升压试验。
A. 二； B. 三； C. 四； D. 五。
答案：D。

37. 采取容性无功补偿装置调整系统电压时，对系统来说（ ）。
A. 调整电压的作用不明显；
B. 即补偿了系统的无功容量，又提高了系统的电压；
C. 不起无功补偿的作用；

D. 调整电容电流。
答案：B。

38. 以下母线接线方式中运行可靠性、灵活性最高的是（　　）。
A. 单母线；　　B. 双母线；　　C. 内桥接线；　　D. 3/2 接线。
答案：D。

39. 在中性点经消弧线圈接地的系统中，消弧线圈的补偿宜采用（　　）。
A. 全补偿；　　B. 欠补偿；　　C. 过补偿；　　D. 恒补偿。
答案：C。

40.（　　）是系统中无功功率的主要消耗者。
A. 发电机；　　B. 异步电动机；　　C. 输电线路；　　D. 变压器。
答案：B。

41. 瓦斯保护在变压器冲击合闸前应投（　　）。
A. 信号；　　B. 跳闸；　　C. 停用；　　D. 试验。
答案：B。

42. 正常情况的并列操作通常采用什么并列方法？（　　）
A. 非同期；　　B. 准同期；　　C. 自同期；　　D. 合环。
答案：B。

43. 当主变压器 35kV 侧配置两只开关时，（　　）。
A. 这两只开关分别配置后备保护，并且只联跳自身开关；
B. 这两只开关共同配置后备保护，并且联跳两只开关；
C. 这两只开关分别配置后备保护，并且联跳开关；
D. 这两只开关共同配置后备保护，并且只联跳自身开关。
答案：A。

44. 当变比不同的两台变压器并列运行时，在两台变压器内产生环流，使得两台变压器空载的输出电压（　　）。
A. 上升；　　B. 降低；
C. 变比大的升，小的降；　　D. 变比小的升，大的降。
答案：C。

45. 母线故障或检修会造成停电的接线方式是（　　）。
A. 双母线接线；　　B. 单母线接线；　　C. 3/2 接线；　　D. 双母带旁路。
答案：B。

46. 《国家电网公司安全事故调查规程》规定，较大电网事故是指（　　）。
A. 三级电网事件；　B. 四级电网事件；　C. 五级电网事件；　D. 六级电网事件。
答案：A。

47. 根据电网（　　）运行方式的短路电流值校验所选用的电器设备的稳定性。
A. 最小；　B. 最大；　C. 最简单；　D. 最复杂。
答案：B。

48. 无功功率严重不足会造成（　　）破坏事故。
A. 静态稳定；　B. 暂态稳定；　C. 电压崩溃；　D. 频率崩溃。
答案：C。

49. 配电网正常运行方式应与（　　）运行方式统筹安排，协同配合。
A. 发电厂；　B. 用户；　C. 上一级电网；　D. 下一级电网。
答案：C。

50. 分区配电网供电范围应清晰，不宜交叉和重叠，相邻分区间应（　　）。
A. 互相没有联络关系；　B. 互相重叠；
C. 联络越多越好；　D. 具备适当联络通道。
答案：D。

51. 线路检修工作时，不停电线路段由对侧带供时，应（　　）。
A. 考虑对侧线路保护的全线灵敏性，必要时调整保护定值；
B. 不用考虑对侧线路保护；
C. 需将对侧线路重合闸停用；
D. 需将对侧线路保护停用。
答案：A。

52. 上级电网中双线供电（或高压侧双母线）的变电站，当一条线路（或一段母线）停电检修时，为确保电源均出自该变电站的高危双电源客户可靠供电，应（　　）。
A. 在负荷允许的情况下，优先考虑负荷全部由另一回线路（或另一段母线）供电；
B. 保持原方式；
C. 通过调整变电站低压侧供电方式，将用户一路电源调至其他变电站供电；
D. 通知用户停电。
答案：C。

53. 上级电网中两台及以上主变压器（或低压侧为双母线）的变电站当一台主变压器检修（或一段母线停电检修）时，为确保电源均出自该变电站的高危双电源客户可靠供电，应（　　）。

A. 在负荷允许的情况下，优先考虑负荷全部由另一台主变压器供电；
B. 保持原方式；
C. 通过调整变电站低压侧供电方式，将用户一路电源调至其他变电站供电；
D. 通知用户停电。
答案：C。

54. 上级电网中变电站全停时，需将该站负荷尽可能通过低压侧移出，如遇负荷转移困难的，可考虑临时供电方案，确无办法需停电的，应（　　）。
A. 办理临时停电；
B. 办理事故停电；
C. 在月度调度计划上明确停电线路名称及范围；
D. 以上都可以。
答案：C。

55. 配电自动化线路故障，对于故障点已明确的，调控员应优先采用以下哪种方式隔离故障点？（　　）
A. 通过遥控操作；
B. 应等运行人员到达现场才可遥控操作；
C. 应由运行人员操作；
D. 应由抢修施工单位人员操作。
答案：A。

56. 配电自动化线路故障，对于故障点隔离后，恢复非故障段供电时优先采用以下哪种方式？（　　）
A. 通过遥控操作；
B. 应等运行人员到达现场才可遥控操作；
C. 应由运行人员操作；
D. 应由抢修施工单位人员操作。
答案：A。

57. 配网设备新改扩建工程投产前，应由（　　）提前向调控机构报送投产资料。
A. 工程主管部门；　B. 运维管理部门；　C. 营销部门；　D. 施工单位。
答案：B。

58. 业扩报装工程投产前，应由（　　）提前向调控机构报送投产资料。
A. 工程主管部门；　B. 运维管理部门；　C. 营销部门；　D. 施工单位。
答案：C。

59. 为处置配电网设备危急缺陷，更换相关设备的工作，运维管理部门应在设备投产后（　　）日内向调控机构补报投产资料，完善相关流程。
A. 1；　B. 2；　C. 3；　D. 4。
答案：B。

60. 要求并入配网运行的分布式电源项目（　　）。
A. 均应签订并网调度协议；
B. 视其投资主体或产权归属，决定是否需要签订并网调度协议；
C. 不需签订并网调度协议；
D. 由领导决定签订是否并网调度协议。
答案：A。

61. 调控机构应在分布式电源启动并网前（　　）个工作日确定调度名称，下达调度管辖范围和设备命名编号。
A. 7；　　B. 10；　　C. 15；　　D. 30。
答案：B。

62. 上级输变电设备停电需配网设备配合停电的，（　　）。
A. 由地区调度直接向配网调控员申请；
B. 如配网设备无相关工作，不列入配网调度计划；
C. 即使配网设备确无相关工作，也应列入配网调度计划；
D. 无需列入配网调度计划。
答案：C。

63. 计划停电工作，相关部门应在开工前 3 个工作日，向（　　）提交设备停电申请票。
A. 工程主管部门；　B. 运维管理部门；　C. 营销部门；　D. 调控机构。
答案：D。

64. 未纳入月度停电计划的设备有临时停电需求时，相关部门（单位）应（　　）。
A. 执行事故停电流程；
B. 提前完成临时停电审批手续，并经调度主任批准；
C. 提前完成临时停电审批手续，并经工区主任批准；
D. 提前完成临时停电审批手续，并经分管领导批准。
答案：D。

65. 因客户、天气等因素未按计划实施的项目（　　）。
A. 原则上需取消该停电计划，另行履行调度计划签批手续；
B. 待天气好后实施；
C. 由调度改期执行；
D. 由运行单位改期执行。
答案：A。

66. 已开工的设备停电工作因故不能按期竣工的，（　　）。
A. 原则上应终止工作，恢复送电；

B. 等待现场工作结束；
C. 计划竣工时间达到后办理延期手续；
D. 工作结束前 1h 办理延期手续，不得擅自延期。
答案：A。

67. 对可能构成《国家电网公司安全事故调查规程》规定（　　）电网事件的设备停电计划，应采取措施降低事故风险等级。
A. 四级及以上；　B. 五级及以上；　C. 六级及以上；　D. 七级及以上。
答案：D。

68. 配电网调度计划应明确（　　）、计划工作时间、停电范围、工作内容和检修方式安排等内容。
A. 线路负荷；　B. 计划停送电时间；　C. 工作负责人；　D. 工作监护人。
答案：B。

69. 变压器并联运行时负荷电流与其短路阻抗（　　）。
A. 没有关系；　B. 成平方比；　C. 成正比；　D. 成反比。
答案：D。

70. 不考虑负荷电流的影响，（　　）类型的短路故障在不考虑暂态过程时没有零序电流分量。
A. 两相短路接地故障；　B. 两相相间故障；
C. 单相接地故障；　D. 单相断线故障。
答案：B。

71. 下面描述引起操作过电压的情况，哪一种说法错误？（　　）
A. 切除空载线路引起；　B. 空载线路合闸引起；
C. 切除电容器引起；　D. 切除空载变压器引起。
答案：C。

72. 以下电网主接线方式不属于无备用方式的是（　　）。
A. 单回路放射式；　B. 环式；　C. 单回路干线式；　D. 单回路链式。
答案：B。

73. 在 220kV 以下系统确定绝缘水平时起决定作用的是（　　）。
A. 大气过电压；　B. 工频过电压；　C. 操作过电压；　D. 谐振过电压。
答案：A。

74. 在电力系统电压等级较高的系统中，一般就采用中性点（　　）以提高供电可靠性。

A. 直接接地；　B. 不直接接地；　C. 谐振接地；　D. 小电抗接地。

答案：A。

75. 电流速断保护（　　）。

A. 能保护线路全长的 90%；　B. 不能保护线路全长；

C. 能保护线路全长并延伸至下一段；　D. 能保护线路全长但不能延伸至下一段。

答案：B。

76. 高压设备发生接地时，室内不得接近故障点（　　）以内。

A. 4m；　B. 6m；　C. 8m；　D. 10m。

答案：A。

77. 高压设备发生接地时，室外不得接近故障点（　　）以内。

A. 4m；　B. 6m；　C. 8m；　D. 10m。

答案：C。

78. 隔离开关拉不开时应采取（　　）的处理。

A. 不应强拉，应进行检查；　B. 用力拉；

C. 用加力杆拉；　D. 两个人拉。

答案：A。

79. 35kV 电气设备不停电时，安全距离为（　　）。

A. 0.7m；　B. 1.0m；　C. 1.2m；　D. 1.5m。

答案：B。

80. 线路带电作业时，重合闸应（　　）。

A. 投单重；　B. 投三重；　C. 改时限；　D. 按工作要求投退。

答案：D。

81. 中性点接地开关合上后其（　　）保护投入。

A. 中性点零序过流；　B. 间隙过流；

C. 间隙过压；　D. 电流。

答案：A。

82. 事故及超计划用电的限电序位表，经（　　）批准后，由调控机构执行。

A. 电力部门；　B. 营销部门；　C. 生产部门；　D. 相关政府机构。

答案：D。

83. 断路器零压闭锁后，开关（　　）分闸。

A. 能； B. 不能； C. 不一定； D. 无法判定。

答案：B。

84. 设备检修分（ ）和（ ）。

A. 计划检修，临时检修； B. 重要检修，次要检修；

C. 一次检修，二次检修； D. 月度检修，日前检修。

答案：A。

85. 电网接线方式大致可分为（ ）和（ ）两大类。

A. 有母线，无母线； B. 有备用，无备用；

C. 单回路，双回路； D. 放射式，环式。

答案：B。

86. 发电、供电设备的检修，应当服从（ ）的统一安排。

A. 调控机构； B. 电力监管部门； C. 营销部门； D. 基建部门。

答案：A。

87. 调控机构应依据（ ）开展日前停电计划管理工作，批复相关单位检修申请，并进行日前方式安排。

A. 季度停电计划； B. 周停电计划； C. 年度停电计划； D. 月度停电计划。

答案：D。

88. 未纳入（ ）停电计划的设备有临时停电需求时，相关部门（单位）应提前完成临时停电审批手续，并经分管领导批准。

A. 年度； B. 季度； C. 节日； D. 月度。

答案：D。

89. 配网年度计划是停电工作开展的基础，运维检修部门、营销部门应综合考虑全年新改扩建工程、业扩报装工程编制年度检修计划，由调控机构进行综合平衡并于（ ）发布。

A. 十一月底； B. 年初； C. 年底之前； D. 十月底。

答案：C。

90. 应综合考虑（ ）和调度停电计划，做到客户检修计划与本单位调度计划同步，减少重复停电。

A. 电气设备故障； B. 节假日； C. 用电高峰； D. 客户用电需求。

答案：D。

91. 配网月度计划应刚性执行。原则上不得随意变更，如确需变更的，应提前完成变更手续，并经（ ）批准。

A. 调控部门；　　B. 配电运检部门；
C. 工区主任；　　D. 地市公司分管领导。
答案：D。

92. 已开工的设备停电工作因故不能按期竣工的，原则上应终止工作，恢复送电，如确实无法恢复，应在（　　）向调控部门申请办理延期手续，不得擅自延期。
A. 工期未过半前；　　B. 原定批准竣工时间前至少 2h；
C. 实际竣工时间前至少 2h；　　D. 开工后 2h 内。
答案：A。

93. 因客户、天气等因素未按计划实施的项目，原则上需取消该停电计划，另行履行（　　）签批手续。
A. 月度检修；　　B. 工作许可；　　C. 检修工作；　　D. 调度计划。
答案：D。

94. 内（外）桥接线、扩大内桥接线方式，两回进线分供母线，内（外）桥开关（　　），备自投可启用桥备投方式。
A. 热备用；　　B. 运行；　　C. 冷备用；　　D. 以上都不是。
答案：A。

95. 配网计划停电应最大限度减少对客户供电影响，（　　）安排在生活用电高峰时段停电。
A. 适当；　　B. 尽量避免；　　C. 尽量；　　D. 杜绝。
答案：B。

96. 不停电线路段由对侧带供时，应考虑对侧线路保护的全线（　　），必要时调整保护定值。
A. 选择性；　　B. 可靠性；　　C. 灵敏性；　　D. 速动性。
答案：C。

97. 进行调电操作，应避免带供线路过长、负荷过重造成线路末端（　　）下降较大的情况。
A. 电压；　　B. 电流；　　C. 频率；　　D. 功率。
答案：A。

98. 配网年度计划是停电工作开展的基础，运维检修部门、（　　）应综合考虑全年新改扩建工程、业扩报装工程编制年度检修计划，由调控机构进行综合平衡并于年底之前发布。
A. 变电运维工区；　　B. 营销部门；　　C. 调度部门；　　D. 生技部。
答案：B。

99. 10kV 外来电源通过变电站母线转供其他出线时，应考虑电源侧保护定值调整，（　　）重合闸停用、联络线开关进线保护及重合闸停用。

A. 被转供的 10kV 线路；　　B. 电源线路；
C. 联络线路；　　D. 相关线路。

答案：A。

100. 配电网年度方式应与主网年度方式（　　）编制完成并印发，应对上一年配电网年度方式提出的问题、建议和措施进行回顾分析，完成后评估工作。

A. 同时；　　B. 不必同时；　　C. 都可以；　　D. 配网方式先编制。

答案：A。

101. 原则上由运维部门和（　　）根据配网一次结构共同确定主干线和固定联络开关点。

A. 调度部门；　　B. 检修部门；　　C. 基建部门；　　D. 营销部门。

答案：D。

102. 对于具备负荷转供能力的接线方式，应充分考虑配电网发生（　　）故障时的设备承载能力，并满足所属供电区域的供电安全水平和可靠性要求。

A. 严重；　　B. N–2；　　C. N；　　D. N–1。

答案：D。

103. 计划停电工作，相关部门应在开工前（　　）个工作日，向调控机构提交设备停电申请票。

A. 1；　　B. 2；　　C. 3；　　D. 4。

答案：C。

104. 配电网线路由其他线路转供，凡涉及合环调电，应确保（　　）一致，压差、角差在规定范围内。

A. 相位；　　B. 相序；　　C. 频率；　　D. 相角。

答案：B。

105. 新设备启动过程中，如需对启动方案进行变更，必须经（　　）同意，现场和其他部门不得擅自变更。

A. 运检部门；　　B. 生技部；　　C. 调控机构；　　D. 营销部门。

答案：C。

106.（　　）和营销部门应分别负责组织供电企业所属设备和客户资产设备验收调试和启动方案的准备工作，确保启动方案顺利执行。

A. 调控部门；　　B. 营销部门；　　C. 运检部门；　　D. 生技部。

答案：C。

107. 变压器送电时，应按照（　　）进行操作。
A. 先高压侧后低压侧；　　B. 先低压侧后高压侧；
C. 高、低压侧同时；　　D. 无特定顺序。
答案：A。

108. 变压器停电时，应按照（　　）进行操作。
A. 先高压侧后低压侧；　　B. 先低压侧后高压侧；
C. 高、低压侧同时；　　D. 无特定顺序。
答案：B。

109. 电力线路电缆停用（或备用）一个星期，应进行充电（　　）。
A. 3 次；　　B. 0 次；　　C. 1 次；　　D. 2 次。
答案：C。

110. 20kV 及以下三相供电电压允许偏差为标称电压的（　　）。
A. −5%～+7%；　　B. −3%～+7%；　　C. ±10%；　　D. ±7%。
答案：D。

111. 220V 单相供电电压允许偏差为标称电压的（　）。
A. ±5%；　　B. −5%～+7%；　　C. −10%～+7%；　　D. ±10%。
答案：C。

112. 35kV 公共连接点电压正、负偏差的绝对值之和不超过标称电压的（　　）。
A. 7%；　　B. 8%；　　C. 10%；　　D. 5%。
答案：C。

113. 10kV 配电系统运行在中性点不接地或经消弧线圈接地方式下，发生单相接地故障时，易引起（　　）事故，导致电压互感器烧毁或熔丝熔断、避雷器爆炸等危害。
A. 大气过电压；　　B. 操作过电压；
C. 铁磁谐振过电压；　　D. 弧光过电压。
答案：C。

114. 变压器应采用（　　）进行并、解列操作。
A. 断路器；　　B. 隔离开关；　　C. 熔断器；　　D. 断路器或隔离开关。
答案：A。

115. 系统电压下降的主要原因是（　　）。
A. 系统频率下降；　　B. 用户负荷大；
C. 系统有功功率不足；　　D. 系统无功功率不足。

答案：D。

116. 变压器中性点接地运行方式的安排，应尽量保持变电站（　　）基本不变。

A. 正序阻抗；　　B. 零序阻抗；　　C. 负序阻抗；　　D. 接地点。

答案：B。

117. 潜供电流对灭弧产生影响，由于此电流存在，将使短路时弧光通道去游离受到严重障碍，若潜供电流值较大时，它将使重合闸动作（　　）。

A. 失败；　　B. 成功；　　C. 延迟；　　D. 没影响。

答案：A。

118. 两台主变压器压器并列运行的条件为（　　）。

A. 联结组别相同，变比相等，短路电压相等；

B. 联结组别相同，变比相等，容量压相等；

C. 电压相等，接线相同，阻抗相等；

D. 相序、相位相同。

答案：A。

119. 采用消弧线圈的网络，其不对称电压一般不应超过额定相电压的（　　）%。

A. 10；　　B. 15；　　C. 30；　　D. 40。

答案：B。

120. 带电作业，要按检修申请制度提前向所属（　　）提出申请，批准后方允许作业。

A. 运检部；　　B. 基建部；　　C. 营销部；　　D. 调度。

答案：D。

121. 35kV 及以上供电和对电压质量有特殊要求的用户的电压变化幅度为额定电压的（　　）。

A. ±5%；　　B. ±7%；　　C. ±10%；　　D. −5%～+7%。

答案：A。

122. 因供电设施计划检修需要停电时，供电企业应当提前（　　）通知用户或进行公告。

A. 24h；　　B. 7 天；　　C. 10 天；　　D. 一个月。

答案：B。

123. 合环操作调整电压差至最小，最大允许电压差为额定电压的（　　）。

A. 5%；　　B. 10%；　　C. 15%；　　D. 20%。

答案：D。

124. 关于变压器中性点接地方式的安排，错误的是（　　）。
A. 变电站有两台变压器时，将一台变压器接地；
B. 自耦变压器和有绝缘要求的变压器，中性点必须直接接地；
C. 变电站只有一台变压器，中性点必须接地；
D. 发电厂有接于母线的三台变压器时，则宜两台变压器中性点直接接地运行。
答案：C。

125. 以下对于备自投运行的说法中正确的是（　　）。
A. 备自投动作后又跳闸，可以再试送一次；
B. 交流电压回路断线不影响装置运行；
C. 直流电源消失对装置运行无影响；
D. 备自投应动作而未动作，可模拟备自投动作过程操作一次。
答案：D。

126. 调整消弧线圈的顺序应为（　　）。
A. 过补偿时系统电容电流增加应先改分头，系统电容电流减少后改分头；
B. 过补偿时系统电容电流增加应后改分头，系统电容电流减少先改分头；
C. 过补偿时系统电容电流增加应先改分头，系统电容电流减少先改分头；
D. 都不对。
答案：A。

127. 因供电设施临时检修需要停电时，供电企业应当提前（　　）通知用户或进行公告。
A. 8h；　　B. 12h；　　C. 24h；　　D. 48h。
答案：C。

128. 小电流接地系统单相接地（　　）连续运行 2h 以上。
A. 可以；　　B. 不可以；　　C. 部分有条件可以；　　D. 都不对。
答案：B。

129. 在小电流接地系统中，发生单相接地故障时，因（　　），所以一般允许短时运行。
A. 不破坏系统三相线电压之间的对称性；　　B. 接地电流小无伤害；
C. 查找故障点；　　D. 短时接地现象会自行消失。
答案：A。

130. 小电流接地系统中发生单相金属性接地时，接地相电压（　　）。
A. 等于零；　　B. 等于 10kV；　　C. 等于相电压；　　D. 等于线电压。
答案：A。

131. 若变电站 35kV 系统发生单相金属性接地，此时母线三相对地电压的变化为（　　）。

A. 两相降低，一相升高，线电压仍三相对称；
B. 两相升高至线电压，一相降低为零，线电压仍三相对称；
C. 两相不变，一相降低至零，线电压三相不对称；
D. 两相升高，一相不变，线电压三相不对称。
答案：B。

132. 在小电流接地系统中发生单相接地时（　　）。
A. 过流保护动作；　　B. 速断保护动作；
C. 接地告警装置发信；　　D. 低频保护动作。
答案：C。

133. 当中性点位移电压偏移超过相电压的（　　），或消弧线圈中的残流大于（　　）时，不允许使用隔离开关拉开消弧线圈。
A. 30%，2A；　　B. 30%，3A；　　C. 30%，4A；　　D. 50%，10A。
答案：A。

134. 特殊情况下，为避免停电切换的损失负荷，允许变压器的接线差（　　）。进行环并操作。
A. 10；　　B. 20；　　C. 30；　　D. 40。
答案：C。

135. 变压器中性点装设消弧线圈的目的是（　　）。
A. 提高电网电压水平；　　B. 限制变压器故障电流；
C. 补偿电网接地电容电流；　　D. 灭弧。
答案：C。

136. 采用自动跟踪补偿的消弧线圈，其调谐状态“自动”位置和“手动”位置的相关操作，（　　）。
A. 由操作人员或变电运行人员按《现场运行规程》自行掌握；
B. 由调控员按《调控规程》掌握；
C. 由调控员按《现场运行规程》掌握；
D. 由操作人员或变电运行人员按《调控规程》自行掌握。
答案：A。

137. 工作已在进行过程中，运行人员（　　）变更有关检修设备的接线方式。
A. 可以；　　B. 不得；
C. 和工作负责人一起；　　D. 由工作需要决定是否。
答案：B。

138. 运行中的变压器中性点接地隔离开关如需倒换，其操作顺序为（　　）。

A. 应先合后拉；　　B. 应先拉后合；

C. 两者皆可；　　D. 视系统运行方式而定。

答案：A。

139. 35kV 不接地系统电容电流超过（　　）A，10kV 不接地系统电容电流超过（　　）A，就应在中性点装设消弧线圈。

A. 10，20；　　B. 10，10；　　C. 20，20；　　D. 20，10。

答案：B。

140. 大电流接地系统中，在故障点零序综合阻抗小于正序阻抗情况中，单相接地电流（　　）三相短路电流。

A. 小于；　　B. 大于；　　C. 等于；　　D. 不确定。

答案：B。

二、多选题

1. 调控机构根据电网和分布式电源的实际情况，安全、经济安排并网分布式电源参与电力系统的（　　）。

A. 调峰；　　B. 调频；　　C. 调压；　　D. 备用。

答案：ABCD。

2. 设备运检部门应严格按照调度计划批准的（　　）严格执行，不得擅自更改。

A. 停电范围；　　B. 工作内容；　　C. 停电工期；　　D. 作业方法。

答案：ABC。

3. 以下哪些设备属于配电设施的范畴？（　　）

A. 开关站；　　B. 配电室；

C. 柱上配电变压器；　　D. 环网单元。

答案：ABCD。

4. 方式调整应避免出现哪些情况？（　　）

A. 因方式调整造成双电源用户单电源供电；

B. 单条线路所带的配电室或开关站数量不均衡；

C. 主干线路供电节点过多；

D. 线路供电半径过短或过长。

答案：ABCD。

5. 10（20）kV 配网线路由其他线路转供，如存在多种转供路径，应优先采用（　　）线路。

A. 转供线路线况好；
B. 合环潮流小；
C. 便于运行操作；
D. 供电可靠性高。

答案：ABCD。

6. 在保电期间，如电网发生故障，应优先考虑活动场所主备电源以及上级电源的恢复供电，可考虑以下哪些措施？（　　）

A. 有关线路在保电期间应从变电站综合紧急拉路序位表中剔除；
B. 有关线路在保电期间应从电网事故限电序位表中剔除；
C. 必要时退出低周低压减负荷装置的切负荷回路；
D. 不得退出低周低压减负荷装置的切负荷回路。

答案：ABC。

7. 对于重大保电任务，以下哪些措施是正确的？（　　）

A. 可事先调整运行方式；
B. 尽量缩小保电线路的供电范围，减小保电线路发生故障的概率；
C. 尽量使保电用户位于线路的中间段；
D. 应尽量使保电用户位于线路的首端或末端，便于电网发生故障时，保电场所能够快速恢复供电。

答案：ABD。

8. 分布式光伏应能保持正常并网运行的条件有哪些？（　　）

A. 并网点电压 90%～110%；
B. 并网点电压 95%～105%；
C. 系统频率 49.5～50.2Hz；
D. 系统频率 49.5～50.5Hz。

答案：AC。

9. 配网年度运行方式编制应以保障电网（　　）运行为前提，充分考虑电网、客户、电源等多方因素，以方式计算校核结果为数据基础。

A. 安全；　　B. 环保；　　C. 优质；　　D. 经济。

答案：ACD。

10. 进行调电操作应先了解上级电网运行方式后进行，必须确保合环后潮流的变化不超过（　　）等方面的限额，同时应避免带供线路过长、负荷过重造成线路末端电压下降较大的情况。

A. 继电保护；　　B. 系统电压；　　C. 系统频率；　　D. 设备容量。

答案：AD。

11. 配网设备新改扩建工程投产前，应由（　　）提前向（　　）报送投产资料，资料应包括设备的相关参数、设备异动的电气连接关系等内容。

A. 检修部门；　　B. 运维管理部门；　　C. 营销部门；　　D. 调控机构。

答案：BD。

12. 业扩报装工程投产前，应由（ ）提前向（ ）报送投产资料，资料应包括设备的相关参数、设备异动的电气连接关系等内容。

A. 营销部门； B. 调控机构；
C. 运维管理部门； D. 检修部门。

答案：AB。

13. 调控机构应综合考虑（ ）配合等因素，开展新设备启动方案编制工作。

A. 系统运行可靠性； B. 故障影响范围；
C. 继电保护； D. 设备状况。

答案：ABC。

14. 配网调度计划执行情况指标主要包括（ ）。

A. 年度重复停电率； B. 月度调度计划执行率；
C. 月度临时计划率； D. 日计划检修申请按时完成率。

答案：ABCD。

15. 潮流计算中的节点类型有哪几种？（ ）

A. PQ 节点； B. PV 节点； C. 平衡节点； D. 电压节点。

答案：ABC。

16. 配电网电压与无功平衡的基本要求，以下说法正确的有（ ）。

A. 系统的运行电压，应考虑电气设备安全运行和电网安全稳定运行的要求；
B. 应通过 AVC 等控制手段，确保电压和功率因数在允许范围内；
C. 应尽量减少配电网不同电压等级间无功流动；
D. 应尽量避免向主网倒送无功。

答案：ABCD。

17. （ ）接线方式，两回进线分供母线，母联/分段开关热备用，备自投可启用母联、分段备投方式。

A. 双母线接； B. 线内桥接线； C. 外桥接线； D. 单母线分段接线。

答案：AD。

18. 具备条件的（ ），宜设置备自投，提高供电可靠性。

A. 开关站； B. 配电室； C. 环网单元； D. 分支箱。

答案：ABC。

19. 10kV 配网线路由其他线路转供，合环调电的要求有（ ）。

A. 相序一致；　　B. 频差在规定范围内；
C. 压差在规定范围内；　　D. 角差在规定范围内。
答案：ACD。

20. 10kV 外来电源通过变电站母线转供其他出线时，下列哪些线路需要停用重合闸？（　　）
A. 电源侧线路；　　B. 被转供线路；
C. 联络线开关进线；　　D. 用户专线。
答案：BC。

21 下列哪些配网工作应列入配网调度计划？（　　）
A. 状态检修；　　B. 缺陷处理；　　C. 改造工程；　　D. 业扩工程。
答案：ABCD。

22. 配网检修情况下的电网运行方式安排，主要考虑的因素有（　　）。
A. 安全、经济；　　B. 潮流分布；
C. 设备容量；　　D. 继电保护整定配合。
答案：ABCD。

23. 进行调电操作时应避免（　　）造成线路末端电压下降较大。
A. 带供线路过长；　　B. 分布式电源；　　C. 负荷过重；　　D. 负荷波动较大。
答案：AC。

24. 配电网分区供电，以下说法正确的是（　　）。
A. 配电网应根据上级变电站的布点、负荷密度和运行管理需要，划分成若干相对独立的分区配电网；
B. 分区配电网供电范围应清晰，不宜交叉和重叠；
C. 相邻分区间应具备适当联络通道；
D. 分区的划分应随着电网结构、负荷的变化适时调整。
答案：ABCD。

25. 变电站间 10kV 联络线正常方式时应（　　），以便于及时转供负荷、保证供电可靠性。
A. 一侧运行；　　B. 一侧热备用；　　C. 一侧冷备用；　　D. 两侧运行。
答案：AB。

26. 单条线路所带的（　　）数量应基本均衡，避免主干线供电节点过多，保证线路供电半径最优。
A. 公用变；　　B. 配电站；　　C. 开关站；　　D. 用户变。

答案：BC。

27. 下列哪些变化将引起线路运行方式的改变，从而影响线路保护定值的整定？（　　）
A. 用户启停；　　B. 负荷转供；
C. 负荷变化；　　D. 分布式电源接入。
答案：BD。

28. 公司配网方式计划管理中地市供电企业营销部主要职责包含以下哪些？（　　）
A. 负责提报业扩工程、客户停电需配网线路配合的停电检修、启动送电计划；
B. 参与调度计划平衡，负责审查配网设备停电对重要客户的影响，制定相关措施，提出运行方式调整建议；
C. 根据各类已发布的调度计划及电网运行风险预警相关要求，及时通知客户，制订有序用电方案，督促客户落实安全预控措施；
D. 参与配网调度计划撤销、调整及临时停电的审批。
答案：ABCD。

29. 原则上由（　　）根据配网一次结构共同确定主干线和固定联络开关点。
A. 调度部门；　　B. 检修部门；　　C. 运维部门；　　D. 营销部门。
答案：CD。

30. 变压器并列的条件有（　　）。
A. 联结组别相同；　　B. 容量相等；　　C. 变比相同；　　D. 短路电压相等。
答案：ACD。

31. 下列哪些接地方式是小电流接地方式？（　　）
A. 中性点不接地；　　B. 中性点直接接地；
C. 中性点经小电阻接地；　　D. 中性点经消弧线圈接地。
答案：AD。

32. 变压器过负荷应注意什么？（　　）
A. 合上中性点隔离开关；　　B. 所有冷却系统投入；
C. 监视变压器温度和负荷情况；　　D. 调整负荷。
答案：BCD。

33. 变压器并、解列操作时不得使用下列哪些设备？（　　）
A. 油断路器；　　B. 隔离开关；　　C. 熔断器；　　D. SF_6断路器。
答案：BC。

34. 主变压器过负荷运行时间的长短与下列哪些因素有关系？（　　）

A. 过负荷前的运行负荷；　　B. 过负荷倍数；
C. 油温；　　D. 运行电压。
答案：ABC。

35. 并联运行的变压器，在倒换中性点接地开关时，先推上未接地的变压器中性点接地开关，再拉开另一台变压器中性点接地开关的原因为（　　）。
A. 防止谐振过电压；　　B. 防止工频过电压；
C. 防止操作过电压；　　D. 使零序保护发挥作用。
答案：CD。

36. 变压器中性点接地的原则有（　　）。
A. 变压器停送电操作中性点要接地；　　B. 自耦变压器中性点一定接地；
C. 变压器绝缘有问题的中性点要接地；　　D. 为保持系统零序阻抗而将中性点接地。
答案：ABCD。

37. 安装并联电容器的目的是（　　）。
A. 补偿系统的无功功率；　　B. 改善系统的功率因数；
C. 调整网络电压；　　D. 限制线路末端的电压。
答案：ABC。

38. 开关采用准同期并列时，必须（　　）。
A. 相序相同；　　B. 相位相同；　　C. 频率相等；　　D. 电压差尽量小。
答案：ABCD。

39. 变电站保站用电有哪些方法？（　　）
A. 采用更大遮断容量的高压断路器；
B. 通过外来电源接入站用电；
C. 变电站装设小型发电机（如柴油发电机）提供站用电，或直流部分通过蓄电池供电；
D. 采用双母线设计。
答案：BC。

40. 电压回路断线时，应将下列哪些保护退出？（　　）
A. 距离保护；　　B. 低电压保护；　　C. 振荡解列装置；　　D. 检无压的重合闸。
答案：ABCD。

41. 无功功率不足的电网中，在高峰负荷到来前就应当将电容器投入，使电网电压提高至上限运行，这是因为（　　）。
A. 可以防止高峰负荷使电压下降；
B. 如果电压下降后调整往往调不上去或调节效果不好；

C. 先提高电压可以使电容器充电无功增加；
D. 先提高电压可以使线路的充电无功增加。
答案：ABC。

42.（　　）保护同时动作而跳闸时，不论其情况如何，未经变压器内部检验，不得将其投入运行。
A. 轻瓦斯；　　B. 重瓦斯；　　C. 差动；　　D. 过流。
答案：BC。

43. 为防止系统电压崩溃和稳定破坏，调控机构应对系统内某些枢纽点的电压进行计算，并规定出（　　）和（　　）。
A. 最低运行电压；　　B. 最高运行电压；
C. 最低极限电压值；　　D. 最高极限电压值。
答案：AC。

44. 断路器失灵保护动作的条件是（　　），两者缺一不可。
A. 保护动作后不返回；　　B. 保护动作后返回；
C. 故障仍然存在；　　D. 故障已经消除。
答案：AC。

45. 备自投的方式与主接线的形式有关，分为（　　）等。
A. 桥备投；　　B. 母联备投；　　C. 进线备投；　　D. 分段备投。
答案：ABCD。

46. 低压交直流回路不能共用一条电缆的原因有（　　）。
A. 共用同一条电缆降低直流系统的绝缘水平；
B. 共用同一条电缆造成交流系统电压不稳定；
C. 如果直流绝缘破坏，则交直流混线会造成短路；
D. 如果直流回路受潮，绝缘降低，会造成继电保护误动。
答案：ACD。

47. 功率不变，升高电压进行输电优点有（　　）。
A. 线损小；　　B. 节约导线；
C. 输电距离远；　　D. 输送线路建设成本小。
答案：ABC。

48. 设备检修计划按检修类别分为（　　）。
A. 发电设备检修；　　B. 变电设备检修；　　C. 计划检修；　　D. 临时检修。
答案：CD。

49. 通常发电机并列可采用（　　）方式。
A. 非同期并列；　B. 自同期并列；　C. 准同期并列；　D. 都对。
答案：BC。

50. 调度运行管理的主要任务有（　　）。
A. 保证电网安全稳定运行；　B. 满足用户的用电需要；
C. 运行操作；　D. 事故处理。
答案：ABCD。

51. 电力系统防雷的措施有（　　）。
A. 避雷器；　B. 避雷针；　C. 接地极；　D. 架空地线。
答案：ABD。

52. 下列哪些情况应将重合闸停用？（　　）。
A. 线路长期充电运行时；　B. 线路带电作业要求时；
C. 重合闸装置异常；　D. 开关遮断容量不允许重合时。
答案：ABCD。

53. 新主变压器冲击正常后一般需要做（　　）。
A. 核相试验；　B. 耐压试验；
C. 主变压器相关保护带负荷试验；　D. 参数实测试验。
答案：AC。

54. 电压调整采用逆调压应满足下列条件（　　）。
A. 负荷变动较小；　B. 负荷变动较大；
C. 线路上的电压损耗较小；　D. 线路上的电压损耗较大。
答案：BD。

55. 消除系统间联络线过负荷的主要措施有（　　）。
A. 送端减出力；　B. 送端加负荷；　C. 受端加出力；　D. 受端减负荷。
答案：ACD。

56. 低频、低压解列装置一般装设在下列哪些地点？（　　）
A. 系统间联络线；　B. 终端变电站母联断路器；
C. 电厂高压侧母联断路器；　D. 变压器高压侧断路器。
答案：ABC。

57. 设备检修申请单上复役要求应注明的事项有（　　）。
A. 冲击；　B. 核相；　C. 带负荷试验；　D. 拆除安措。

答案：ABC。

58. 新变压器的冲击过程中，应注明的事项有（　　）。

A. 差动保护停用；
B. 各侧中性点直接接地；
C. 所有保护均启用；
D. 方向元件短接退出。

答案：BCD。

59. 并网运行的发电厂，其涉及电网安全、稳定的（　　）应满足所在电网的要求。

A. 励磁系统；
B. 调速系统；
C. 继电保护系统和安全自动装置；
D. 调度通信和自动化设备。

答案：ABCD。

60. 新设备启动前，相关调度部门应完成的工作为（　　）。

A. 确认启动条件；
B. 修改调度模拟屏和调度自动化系统信息；
C. 调整电网一次接线图；
D. 修改有关调度运行规定或说明。

答案：ABCD。

61. 主变压器过负荷时要考虑哪些因素？（　　）

A. 环境温度；
B. 过负荷倍数；
C. 起始过负荷倍数；
D. 冷却器运行情况。

答案：ABCD。

62. 变压器进行哪些工作时需要将瓦斯保护应改投信号位置？（　　）

A. 调节有载调压分接头档位；
B. 注油；
C. 换潜油泵；
D. 处理呼吸器。

答案：BCD。

63. 系统解列点设置的原则有（　　）。

A. 尽量保持解列后各部分系统的功率平衡；
B. 使解列后的系统容量足够大；
C. 使解列后的系统容量尽量小；
D. 应考虑操作方便。

答案：ABD。

64. 调控员在进行系统设备操作前，应考虑系统运行方式、潮流、（　　）等方面的影响。

A. 短路容量；
B. 主变压器中性点接地方式；
C. 继电保护及安全自动装置；
D. 雷季运行方式。

答案：ABCD。

65. 自动重合闸的启动方式有（　　）。
A. 断路器控制开关位置与断路器位置不对应启动；
B. 失压启动；
C. 有压启动；
D. 保护启动。
答案：AD。

66. 变压器充电时，应注意（　　）。
A. 充电断路器应有完备的继电保护；
B. 必要时降低有关线路潮流；
C. 大电流接地系统的变压器各侧中性点应接地；
D. 充电后变压器各侧电压不超过其相应分接头电压的 10%。
答案：ABC。

67. 线路保护的双重化配置包括（　　）。
A. 电压回路；　B. 直流回路；　C. 通道；　D. 跳闸回路。
答案：ABCD。

68. 自耦变压器的接地保护应装设（　　）。
A. 零序过电流；　B. 零序方向过电流；　C. 零序过电压；　D. 零序间隙过流。
答案：AB。

69. 下列哪些情况下应办理新设备投入运行申请手续？（　　）
A. 新接入系统运行设备（包括新建、扩建、改建）；
B. 改变系统主接线或变更高压设备安装地点；
C. 新装高压电力客户或原有高压电力客户增容、扩建或改变电源；
D. 已经退役的设备重新恢复运行。
答案：ABCD。

三、判断题

1. 开关站、配电室、环网单元，不宜设置备自投。
答案：错误。

2. 220V 单相供电电压允许偏差为额定电压的±7%。
答案：错误。

3. 发电厂和 220kV 变电站的 35～110kV 母线正常运行方式时，电压允许偏差为系统额定电压的–3%～+7%；事故运行方式时为系统额定电压的–10%～+10%。

答案：正确。

4. 应尽量减少配电网不同电压等级间无功流动，35～110kV 主变压器及 10（20）kV 配电变压器高峰负荷时高压侧功率因数应不高于 0.95。

答案：错误。

5. 应尽量减少配电网不同电压等级间无功流动，35～110kV 主变压器及 10（20）kV 配电变压器低谷负荷时可向系统倒送无功功率。

答案：错误。

6. 进行调电操作应先了解上下级电网运行方式后进行，必须确保合环后潮流的变化不超过继电保护和设备容量等方面的限额。

答案：错误。

7. 进行调电操作应先了解上级电网运行方式后进行，必须确保合环后潮流的变化不超过继电保护、设备容量等方面的限额，同时应避免带供线路过长、负荷过重造成线路末端电压下降较大的情况。

答案：正确。

8. 在重大节日、重要保电等时段内，正常运行方式应确保电力系统连续可靠运行，采用全接线全保护运行。

答案：正确。

9. 同步发电机、异步发电机类型分布式电源切除时间应与线路保护配合，以避免非同期合闸。

答案：正确。

10. 对于早期接入的变流器类型分布式电源不具备防孤岛保护功能时，需要在接入的线路发生故障时，联切分布式电源。

答案：正确。

11. 接入分布式电源的配电网线路，分布式电源侧重合闸启停不做具体要求。

答案：错误。

12. 各地调负责评价考核本单位配网方式计划执行情况，对相关单位提出考核建议，并定期通报。

答案：正确。

13. 装有备自投装置的系统变电站，负荷侧接有分布式电源，则变压器低压侧母联断路器的备自投装置应检同期动作。

答案：错误。

14. 变电站供电区域内供电可靠性要求较高或对供电有特殊要求的，可采用并列运行方式。

答案：正确。

15. 变压器并、解列操作时可用隔离开关或熔断器。

答案：错误。

16. 变压器并列操作时按照先低压侧再高压侧的顺序进行。

答案：错误。

17. 变压器解列操作时按照先高压侧再低压侧的顺序进行。

答案：错误。

18. 需要并列运行的变压器，在并列运行之前应根据实际情况预计负荷电流的分配。

答案：正确。

19. 变压器并列运行应考虑运行的可靠性与经济性，同时应注意不宜频繁操作。

答案：正确。

20. 配电线路并列回路应配置过流、零序过流等主保护。

答案：错误。

21. 变电站间联络线正常方式时一侧运行，一侧冷备用，以便于及时转供负荷、保证供电可靠性。

答案：错误。

22. 双母线接线、单母线分段接线方式，两回进线分供母线，母联 / 分段开关热备用，备自投可启用母联 / 分段备投方式。

答案：正确。

23. 内（外）桥接线、扩大内桥接线方式，两回进线分供母线，内（外）桥开关热备用，备自投应启用母联/分段备投方式。

答案：错误。

24. 原则上由运维部门和营销部门根据配网一次结构共同确定主干线和固定联络开关点。

答案：正确。

25. 配电网分区的划分不应随着电网结构、负荷的变化适时调整。

答案：错误。

26. 对架空线路，应使用柱上开关，也可使用单一刀闸作为线路联络点。

答案：错误。

27. 为保证安全，线路检修工作应优先考虑停电作业。

答案：错误。

28. 配网进行调电操作应先了解上级电网运行方式后进行。

答案：正确。

29. 因事故造成变电站全停时，优先恢复所用电。

答案：正确。

30. 新设备启动过程中，如需对启动方案进行变更，必须经调控机构同意，现场和其他部门不得擅自变更。

答案：正确。

31. 在夏（冬）季用电高峰期及重要保电期，原则上不安排配网设备计划停电。

答案：正确。

32. 配网计划停电应尽量安排在生活用电高峰时段停电。

答案：错误。

33. 因客户、天气等因素未按计划实施的项目，原则上需取消该停电计划，并约定下次停电时间即可。

答案：错误。

34. 电力系统中性点运行方式主要分两类，即直接接地和不接地。

答案：正确。

35. 在大电流接地系统中，线路发生单相接地短路时，母线上电压互感器开口三角形的电压，就是母线的零序电压 $3U_0$。

答案：正确。

36. 35kV 及以下系统采用中性点直接接地方式。

答案：错误。

37. 变压器中性点零序过流保护和间隙过压保护若同时投入，则保护将拒动。

答案：错误。

38. 单电源的变电站全停时，应立即检查全站设备。确认不是本站事故时，应该将主受断路器断开，并加强监视，当来电时立即恢复供电。

答案：错误。

39. 小电流接地系统发生单相接地故障时，一般允许继续运行 2h。

答案：正确。

40. 变压器主保护动作，未查明原因消除故障前不得送电。

答案：正确。

41. 变压器停送电操作时，自耦变中性点必须要接地，其他变压器中性点是否接地，应按照继电保护要求执行。

答案：错误。

42. 电力系统的设备状态一般划分为运行、热备用、冷备用和检修四种状态。

答案：正确。

43. 断路器在运行中出现闭锁分合闸时应尽快将闭锁开关从运行中隔离出来。

答案：正确。

44. 热备用设备属于运用中的设备。

答案：正确。

45. 任何情况下严禁“约时”停电和送电。

答案：正确。

46. 设备检修分计划检修和临时检修。计划检修指设备的定期检修、维修、试验和测控装置、继电保护及安全自动装置的定期维护、试验等。临时检修指非计划性检修，即未列入或无法列入月度检修计划和节日检修计划的检修项目。

答案：正确。

47. 新设备或检修后相位可能变动的设备，投入运行时，应校验相序相同后才能进行同期并列，校核相位相同后，才能进行合环操作。

答案：正确。

48. 线路故障跳闸后，一般允许试送两次。

答案： 错误。

49. 线路跳闸后，不查明原因，调控员不可进行送电操作。

答案： 错误。

50. 自动低频减负荷装置动作，应确保全网及解列后的局部网频率恢复到 49.50Hz 以上，并不得高于 51Hz。

答案： 正确。

51. 调控员脱离岗位两个月及以上时需要经业务考试合格才可上岗工作。

答案： 错误。

52. 计划操作应尽量避免在交接班时进行。

答案： 正确。

53. 对人身和设备安全有威胁的设备停电可不待调度指令自行处理然后报告。

答案： 正确。

54. 充电运行的输电线路跳闸后可以进行强送。

答案： 错误。

55. 为处置配电网设备危急缺陷，更换相关设备的工作，运维管理部门应在设备投产后五日内向调控机构补报投产资料，完善相关流程。

答案： 错误。

56. 新设备启动过程中，如需对启动方案进行变更，必须经调控机构同意，现场和其他部门不得擅自变更。

答案： 正确。

57. 运维管理部门应负责组织客户资产设备验收调试和启动方案的准备工作。

答案： 错误。

58. 新建分布式电源项目应在并网前向营销部门提供书面资料和有关电子文档并提出一次设备命名编号建议。

答案： 错误。

59. 各地调负责评价考核本单位配网方式计划执行情况，对相关单位提出考核建议，并定期通报。

答案：正确。

60. 省调负责建立配网方式计划管理的评价考核体系并对各市公司执行本管理规定的情况进行监督检查和评价考核。

答案：正确。

61. 各电压等级配电网无功电压运行应符合相关规定的要求。

答案：正确。

62. 故障处理应充分利用配电自动化系统，对于故障点已明确的，调控员可立即通过遥控操作隔离故障点，并恢复非故障段供电。

答案：正确。

63. 调控机构应每月组织召开调度计划平衡会，相关部门（单位）应按要求提前向调控机构报送配网设备停电检修、启动送电计划。

答案：正确。

64. 配网调度计划应明确计划停送电时间、计划工作时间，并按照工作量严格核定工作时间。

答案：正确。

65. 配网新改扩建工程和业扩报装停送电方案必须经调控机构审查后，相关设备停电工作方可列入年（月）度停电计划。

答案：正确。

66. 上级输变电设备停电需配网设备配合停电的，即使配网设备确无相关工作，原则上列入配网调度计划。

答案：正确。

67. 应综合考虑客户用电需求和调度停电计划，做到客户检修计划与本单位调度计划同步，减少重复停电。

答案：正确。

68. 已开工的设备停电工作因故不能按期竣工的，原则上应终止工作，恢复送电。

答案：正确。

69. 配电网正常运行方式安排，应结合配电自动化系统（DAS）控制方式，合理利用馈线自动化（FA）使配电网具有一定的自愈能力。

答案：正确。

70. 上级电网中双线供电的变电站，当一条线路停电检修时，在负荷允许的情况下，优先考虑负荷全部由另一回线路供电。

答案：正确。

71. 不停电线路段由对侧代供时，应考虑对侧线路保护的全线灵敏性，必要时调整保护定值。

答案：正确。

72. 检修情况下的配电网运行方式安排，应充分考虑安全、经济运行的原则，尽可能做到方式安排合理。

答案：正确。

73. 上级电网中变电站全停时，需将该站负荷尽可能通过高压侧倒出。

答案：错误。

74. 具备带电作业条件的业扩工程应采用带电作业。

答案：正确。

75. 营销部门应根据各类已发布的调度计划及电网运行风险预警相关要求，及时通知客户，制订有序用电方案，督促客户落实安全预控措施。

答案：正确。

76. 调度计划工作开工前五个工作日，各单位在调度管理系统中向本级调度提报日停电计划检修申请。

答案：错误。

77. 在任何一台变压器不会过负荷的条件下，不允许将短路电压不等的变压器并列运行，必要时应先进行计算。

答案：错误。

78. 调控机构应在分布式电源启动并网前十个工作日确定调度名称，下达调度管辖范围和设备命名编号。

答案：正确。

79. 在同一供电区域内，变电站中压出线长度及所带负荷宜均衡，应有合理的分段和联络。

答案：正确。

80. 变压器并列运行应主要考虑运行的可靠性与经济性，对操作电压无特定要求。

答案：错误。

81. 并列运行变压器的容量应满足 N–1 要求，应考虑过负荷能力和过负荷时间，做好事故预案。

答案：正确。

82. 变电站全停检修时，应合理安排方式保证所用电的供电。

答案：正确。

83. 因事故造成变电站全停时，优先恢复变压器。

答案：错误。

84. 因事故造成变电站全停时，应优先恢复主变压器供电。

答案：错误。

85. 调控机构根据电网和分布式电源的实际情况，安全、经济安排并网分布式电源参与电力系统调峰、调频、调压、备用。

答案：正确。

86. 并网分布式电源应按照领导的指令执行。

答案：错误。

87. 10kV 合环运行的线路相位、相序必须一致。

答案：正确。

88. 10kV 合环运行的线路负载应相对均衡，穿越功率应能够控制在环路设备限值内。

答案：正确。

89. 手拉手线路通过线路联络开关转供负荷时，应考虑相关线路保护定值调整。

答案：正确。

90. 10kV 外来电源通过变电站母线转供其他出线时，应考虑将电源侧保护及重合闸停用。

答案：错误。

91. 为保证供电可靠性，线路检修工作优先考虑带电作业。

答案：正确。

92. 进行调电操作时应避免带供线路过长、负荷过重造成线路末端电压下降较大的情况。

答案：正确。

93. 地市供电企业营销部主要负责提报业扩工程、客户停电需配网线路配合的停电检修、启动送电计划。

答案： 正确。

94. 地市供电企业安质部无需参与配网调度计划平衡、配网调度计划调整及临时停电的审批。

答案： 错误。

95. 设备运维部门应严格按照调度计划批准的停电范围、工作内容、停电工期严格执行，不得擅自更改。

答案： 正确。

96. 地市供电企业运检部主要负责编制配网检修计划，审核配网设备停电必要性、检修工期和停电范围合理性等内容，参与调度计划统筹，负责配网设备异动管理。

答案： 正确。

97. 配网正常运行方式的安排应满足不同重要等级用户的供电可靠性和连续性要求，并具备上下级电网协调互济的能力。

答案： 正确。

98. 单母线接线方式，一回进线供母线，其余进线开关冷备用，备自投可启用线路备投方式。

答案： 错误。

99. 单条线路所带的配电室或开关站数量应基本均衡，避免主干线路供电节点过多，保证线路供电半径最优。

答案： 正确。

100. 对于架空线路，在特殊情况下可以使用单一隔离开关作为线路联络点。

答案： 错误。

101. 对已经进行配电自动化改造的线路，联络点应优先选择具备遥控功能的开关，以利于调控员对设备进行遥控操作。

答案： 正确。

102. 内桥接线、扩大内桥接线方式，两回进线分供母线，内桥开关热备用，备自投可启用桥备投方式。

答案： 正确。

103. 10kV 配网线路由其他线路转供，凡涉及合环调电，应确保相位一致即可。

答案：错误。

104. 配电网应根据上级变电站的布点、负荷密度和运行管理需要，划分成若干相对独立的分区配电网，分区配电网应有明确供电范围，分区的划分应相对固定，不宜经常调整。

答案：错误。

105. 配电网运行方式应与输电网运行方式协调配合，具备各层次电网间的负荷转移和相互支援能力，保障可靠供电，提高运行效率。

答案：错误。

106. 业扩报装工程投产前，应由运维部门提前向调控机构报送投产资料，资料应包括设备的相关参数、设备异动的电气连接关系等内容。

答案：错误。

107. 应尽量减少配电网不同电压等级间无功流动，应尽量避免向主网倒送无功。

答案：正确。

108. 主干线和固定联络开关点原则上由运维部门和调控机构根据配网一次结构共同确定。

答案：错误。

109. 在一回进线存在危险点，可能影响供电可靠性的情况下，其变电站全部负荷可临时调至另一条进线供电，启用母联备自投方式。

答案：错误。

110. 以架空线为主的配电网和架空线、地下电缆混合使用的配电网采用中性点经消弧线圈接地的方式。

答案：正确。

111. 变压器并列运行时，变压器接线组别、相序、相位应相同。

答案：正确。

112. 向空载变压器充电后应检查变压器各侧电压，不宜超过其相应分接头电压的 10%。

答案：错误。

113. 大、中城市以地下电缆为主的配电网可以考虑采用中性点经消弧线圈接地的方式。

答案：错误。

114. 当 10（20）kV 母线合环运行，严禁两台中性点接地电阻并列运行。

答案：正确。

115. 当出现中性点接地电阻过热、冒烟等异 常情况时，应立即停用。

答案：正确。

116. 电缆线路原则上不允许过负荷，即使在事故处理中出现过负荷，调控员应尽快将电流恢复至允许值以下。

答案：正确。

117. 电容器开关的拉开和合上的间隔时间，至少 3min。

答案：错误。

118. 电容器开关因保护动作跳闸，或电容器本身熔丝熔断，应查明原因进行处理后方可送电。

答案：错误。

119. 电容器运行中电流不应长时间超过电容器额定电流的 1.1 倍。

答案：错误。

120. 电压不应长时间超过电容器额定电压的 1.1 倍。

答案：正确。

121. 小城市的配电网，一般以架空线路为主，可以采用中性点经消弧线圈接地的方式或采用中性点经高阻抗接地的方式。

答案：正确。

122. 采用消弧线圈接地方式时，一般采用全补偿方式。

答案：错误。

123. 运行中的变压器中性点接地闸刀如需倒换，应先合上另一台变压器的中性点接地闸刀，再拉开原来一台变压器的中性点接地闸刀。

答案：正确。

124. 中性点接地电阻的投、退应根据调度指令执行。

答案：正确。

125. 备自投方式有进线电源备自投、桥（分段）备自投、变压器备自投。

答案：正确。

126. 双侧电源线路选用一侧检无压，另一侧检同步重合闸方式。

答案：正确。

127. 分布式电源并网后，35kV 公共连接点电压正、负偏差的绝对值之和不超过标称电压的 10%。

答案：正确。

128. 在分布式电源接入前，应对接入的配电线路载流量、变压器容量进行校核，并对接入的母线、线路、开关等进行短路电流和动稳定校核。

答案：错误。

129. 35kV 及以上用户的供电电压正负偏差绝对值之和不超过标称电压的 8%。

答案：错误。

130. 开关站内并列回路设备应为断路器，线路并列或解列操作时应采用断路器进行。

答案：正确。

131. 10kV 配电系统运行在中性点不接地或经消弧线圈接地方式下，发生单相接地故障时，易引起大气过电压事故，导致电压互感器烧毁或熔丝熔断、避雷器爆炸等危害。

答案：错误。

132. 告警信息上送有遗漏属于危急缺陷。

答案：错误。

133. 当配电网发生 *N*–1 故障时，应能保证电网稳定运行，并满足该配电网所属供电区域类型的供电安全水平和可靠性要求。

答案：正确。

134. 设备异常需紧急处理或设备故障停运后需紧急抢修时，值班调控员可安排相应设备停电，运维单位应补交检修申请。

答案：正确。

135. 业扩报装工程投产前，应由运行维护部门提前向调控机构报送投产资料，资料应包括设备的相关参数、设备异动的电气连接关系等内容。

答案：错误。

第五章　配电网继电保护

一、单选题

1. 继电保护整定计算应以（　　）作为依据。
A. 常见的运行方式；
B. 被保护设备相邻的一回线或一个元件的正常检修方式；
C. 故障运行方式；
D. 正常运行方式。
答案：A。

2. 继电保护（　　）是指保护该动作时应动作，不该动作时不动作。
A. 可靠性；　　B. 选择性；　　C. 灵敏性；　　D. 速动性。
答案：A。

3. 一个实际电源的端电压随着负荷电流的减小将（　　）。
A. 降低；　　B. 升高；　　C. 不变；　　D. 不确定。
答案：B。

4. 小电流接地系统单相接地故障时，故障线路的零序电流与非故障线路的零序电流相位相差是（　　）。
A. 180°；　　B. 90°；　　C. 270°；　　D. 120°。
答案：A。

5. 为增强继电保护的可靠性，重要变电站宜配置两套直流系统，以下不正确的是（　　）。
A. 正常时两套直流系统并列运行；
B. 正常时两套直流系统分列运行；
C. 两套直流系统同时运行互为备用；
D. 正常情况下两套直流系统不得有电的联系。
答案：A。

6. 小电流接地系统中，当发生 A 相金属性接地时，下列说法不正确的是（　　）。
A. 非故障相对地电压分别都升高到 1.73 倍；
B. A 相对地电压为零；
C. 相间电压保持不变；
D. BC 相间电压保持不变，AC 及 AB 相间电压则下降。

答案：D。

7. 对变压器差动保护进行相量图分析时，应在变压器（　　）时进行。

A. 停电；　　B. 空载；

C. 带有一定负荷；　　D. 过负荷。

答案：C。

8. 在保护柜端子排上（外回路断开），用1000V绝缘电阻表测量保护各回路对地的绝缘电阻值应（　　）。

A. 大于10MΩ；　　B. 大于5MΩ；　　C. 大于0.5MΩ；　　D. 大于2MΩ。

答案：A。

9. 变压器的非电量保护，应该（　　）。

A. 设置独立的电源回路，出口回路可与电量保护合用；

B. 设置独立的电源回路与出口回路，可与电量保护合用同一机箱；

C. 设置独立的电源回路与出口回路，且在保护屏安装位置也应与电量保护相对独立；

D. 不必设置独立的电源回路与出口回路，且可与电量保护合用同一机箱。

答案：C。

10. 运行中的变压器保护，当（　　）时，重瓦斯保护应由“跳闸”位置改为“信号”位置。

A. 变压器进行注油和滤油；　　B. 变压器中性点不接地运行；

C. 变压器轻瓦斯保护动作；　　D. 变压器过负荷告警。

答案：A。

11. 在电流互感器二次回路的接地线上（　　）安装有开断可能的设备。

A. 不应；　　B. 应；　　C. 尽量避免；　　D. 必要时可以。

答案：A。

12. 电流互感器的电流误差，一般规定不应超过（　　）。

A. 5%；　　B. 10%；　　C. 15%；　　D. 20%。

答案：B。

13. 某变电站电压互感器的开口三角形侧B相接反，则正常运行时，如一次侧运行电压为20kV，且该20kV系统采用中性点经小电阻接地，则开口三角形的输出为（　　）。

A. 0；　　B. 100V；　　C. 200V；　　D. 67V。

答案：C。

14. 小电流系统单相接地时，非故障相电压之间的夹角为（　　）。

A. 120°；　　B. 180°；　　C. 60°；　　D. 0°。

答案：C。

15. 主变压器的复合电压闭锁过电流保护失去电压互感器电压输入时（　　）。

A. 整套保护退出；　　B. 仅失去低压闭锁功能；

C. 失去低压及负序电压闭锁功能；　　D. 保护不受任何影响。

答案：C。

16. 变压器的励磁涌流在（　　）时最大。

A. 外部故障；　　B. 内部故障；　　C. 空载投入；　　D. 负荷变化。

答案：C。

17. 电流互感器是（　　）。

A. 电压源，内阻视为零；　　B. 电流源，内阻视为无穷大；

C. 电流源，内阻视为零；　　D. 电压源，内阻视为无穷大。

答案：B。

18. 发生三相短路时，短路电流中包括（　　）分量。

A. 正序；　　B. 负序；　　C. 零序；　　D. 负荷电流。

答案：A。

19. 断路器最低跳闸电压及最低合闸电压不应低于30%的额定电压，且不应大于（　　）的额定电压。

A. 50%；　　B. 65%；　　C. 60%；　　D. 40%。

答案：B。

20. 直流母线电压不能过高或过低，允许范围一般是（　　）。

A. ±3%；　　B. ±5%；　　C. ±10%；　　D. ±15%。

答案：C。

21. 检查二次回路的绝缘电阻，应使用（　　）的绝缘电阻表。

A. 500V；　　B. 250V；　　C. 1000V；　　D. 2500V。

答案：C。

22. 变压器的联接组别表示的是变压器高压侧、低压侧同名（　　）之间的相位关系。

A. 线电压；　　B. 线电流；　　C. 相电压；　　D. 相电流。

答案：A。

23. 单侧电源线路的自动重合闸装置必须在故障切除后，经一定时间间隔才允许发出合闸脉冲，这是因为（　　）。

A. 需要保护配合；　　B. 故障点要有足够的去游离时间；

C. 阻止多次重合；　　D. 断路器消弧。

答案：B。

24. （　　）及以上的油浸式变压器，均应装设瓦斯保护。

A. 0.8MVA；　　B. 1MVA；　　C. 0.5MVA；　　D. 2MVA。

答案：A。

25. 下面不属于微机保护带负荷试验项目的是（　　）。

A. 整组传动试验；　　B. 测量差动保护的差流；

C. 测量功率方向元件的六角图；　　D. 测量距离保护装置的六角图。

答案：A。

26. 在大电流接地系统中，故障电流中含有零序分量的故障类型是（　　）。

A. 两相短路；　　B. 三相短路；

C. 两相接地短路；　　D. 与故障类型无关。

答案：C。

27. 一般情况下，输电线路发生几率最大的故障类型是（　　）。

A. 三相短路；　　B. 两相接地短路；　　C. 两相短路；　　D. 单相接地短路。

答案：D。

28. 相邻元件有配合关系的保护段，要完全满足选择性的要求，应做到（　　）。

A. 保护范围配合；　　B. 保护动作时限配合；

C. 保护范围及动作时限均配合；　　D. 快速动作。

答案：C。

29. 保护用电缆和电力电缆应该（　　）。

A. 分层铺设；　　B. 同层铺设；　　C. 交叉铺设；　　D. 以上都不正确。

答案：A。

30. 电容器的常用保护不包括（　　）。

A. 电流速断保护；　　B. 低电压保护；

C. 过电压保护；　　D. 复合电压过电流保护。

答案：D。

31. 线路两侧重合闸分别采用检无压和检同期方式时，在线路发生永久性故障并跳闸后，（　　）。

A. 检同期侧重合于故障并跳开，检无压侧不再重合；
B. 检无压侧重合于故障并跳闸，检同期侧不再重合；
C. 检同期侧重合于故障并跳开，检无压侧仍将重合；
D. 检无压侧重合与故障并跳开，检同期侧仍将重合。
答案：B。

32. 对于二次侧的负荷来说，可以认为电压互感器是（　　）。
A. 电压源，内阻视为零；　　B. 电流源，内阻视为无穷大；
C. 电流源，内阻视为零；　　D. 电压源，内阻视为无穷大。
答案：A。

33. 能满足系统稳定和设备安全要求，以最快速度有选择性的切除故障线路或设备的保护是（　　）。
A. 远后备保护；　　B. 近后备保护；　　C. 辅助保护；　　D. 主保护。
答案：D。

34. 当中性点不接地系统发生单相接地故障时，开口三角电压为（　　）。
A. 100/3V；　　B. 100V；　　C. 180V；　　D. 300V。
答案：B。

35. 重瓦斯保护是变压器的（　　）。
A. 远后备保护；　　B. 主保护；　　C. 辅助保护；　　D. 近后备保护。
答案：B。

36. 鉴别波形间断角的差动保护，是根据变压器（　　）波形特点为原理的保护。
A. 外部短路电流；　　B. 负荷电流；　　C. 励磁涌流；　　D. 差动电流。
答案：C。

37. 中性点不接地系统中，某变电站电压互感器的开口三角形侧 B 相接反，则正常运行时，如一次侧运行电压为 10kV，则开口三角形的输出为（　　）。
A. 0；　　B. 100V；　　C. 200V；　　D. 67V。
答案：D。

38. 变压器差动保护防止区外穿越性故障情况下误动的主要措施是（　　）。
A. 间断角闭锁；　　B. 二次谐波制动；　　C. 比率制动；　　D. 波形不对称制动。
答案：C。

39. 同一地点发生以下各类型的故障时，故障点正序电压最小的是（　　）。
A. 单相短路；　　B. 两相短路；　　C. 两相接地短路；　　D. 三相短路。

答案：D。

40. 当系统运行方式变小时，电流和电压的保护范围是（　　）。
A. 电流保护范围变小，电压保护范围变大；
B. 电流保护和电压保护范围均变小；
C. 电流保护范围变大，电压保护范围变小；
D. 电流保护和电压保护范围均变大。
答案：A。

41. 为了限制故障的扩大，减轻设备的损坏，提高系统的稳定性，要求继电保护装置具有（　　）。
A. 灵敏性；　B. 速动性；　C. 可靠性；　D. 选择性。
答案：B。

42. 停用备自投装置时应（　　）。
A. 先停交流电源回路，后停直流控制回路；
B. 先停直流控制回路，后停交流电源回路；
C. 交直流同时停；
D. 与停用顺序无关。
答案：B。

43. 下列保护中，属于后备保护的是（　　）。
A. 变压器差动保护；　B. 瓦斯保护；
C. 光纤差动保护；　D. 复合电压闭锁过电流保护。
答案：D。

44. 各级继电保护部门划分继电保护装置整定范围的原则是（　　）。
A. 按电压等级划分，分级整定；　B. 整定范围一般与调度管辖范围相适应；
C. 由各级继电保护部门协调决定；　D. 按地区划分。
答案：B。

45. 变压器励磁涌流与变压器充电合闸电压初相角有关，当初相角为（　　）时励磁涌流最大。
A. 0°；　B. 90°；　C. 45°；　D. 120°。
答案：A。

46. 距离保护是以距离（　　）元件作为基础构成的保护装置。
A. 测量；　B. 启动；　C. 振荡闭锁；　D. 逻辑。
答案：A。

47. 变压器比率制动差动保护中制动分量的主要作用是（　　）。
A. 躲励磁涌流；　　B. 在内部故障时提高保护的可靠性；
C. 在外部故障时提高保护的安全性；　　D. 在内部故障时提高保护的快速性。
答案：C。

48. 由于断路器本体原因而闭锁重合闸的是（　　）。
A. 未充电；　　B. 控制电源消失；　　C. 保护闭锁；　　D. 气压或油压低。
答案：D。

49. 零序电流保护的后加速采用 0.1s 延时是为了（　　）。
A. 断路器准备好动作；　　B. 故障点介质绝缘强度的恢复；
C. 躲过断路器三相合闸不同步的时间；　　D. 保证断路器的可靠断开。
答案：C。

50. 调整电力变压器分接头，会在其差动回路中引起不平衡电流的增大，解决方法为（　　）。
A. 增大差动保护比率制动系数；　　B. 提高差动保护的动作门槛值；
C. 改变差动保护二次谐波制动系数；　　D. 提高差动速断保护的整定值。
答案：B。

51. 变压器励磁涌流的衰退时间为（　　）。
A. 1.5～2s；　　B. 0.5～1s；　　C. 3～4s；　　D. 4.5～5s。
答案：B。

52. 在很短线路的保护中，宜选用的保护是（　　）。
A. 三段式保护；　　B. Ⅱ、Ⅲ段保护；　　C. Ⅰ段保护；　　D. Ⅱ段保护。
答案：B。

53. 相间短路故障时，线电压中肯定没有的分量是（　　）。
A. 二次谐波；　　B. 正序电压；　　C. 负序电压；　　D. 零序电压。
答案：D。

54. 继电保护以常见运行方式为主来进行整定计算和灵敏度校核。常见运行方式是指（　　）。
A. 正常运行方式下，任意一回线路检修；
B. 正常运行方式下，与被保护设备相邻近的一回线路或一个元件检修；
C. 正常运行方式下，与被保护相邻近一回线路检修并有另一回线路故障被切除；
D. 正常运行方式。
答案：B。

55. 为了使方向阻抗继电器工作在（　　）状态下，要求将该阻抗继电器的最大灵敏角设定为等于线路阻抗角。

A. 最佳选择性；　B. 最灵敏；　C. 最快速；　D. 最可靠。

答案：B。

56. 距离保护（或零序方向电流保护）的第Ⅰ段按照躲本线路末端短路整定是为了（　　）。

A. 保证本保护在本线路出口短路时能瞬时动作跳闸；

B. 防止本保护在相邻线路出口短路时误动；

C. 在本线路末端短路只让本侧的纵联保护瞬时动作跳闸；

D. 预留给Ⅱ段一定的保护范围。

答案：B。

57. 为了减小两点间的地电位差，二次回路的接地点应当离一次接地点有不小于（　　）的距离。

A. 1～3m；　B. 2～4m；　C. 3～5m；　D. 4～6m。

答案：C。

58. 变压器励磁涌流可达变压器额定电流的（　　）倍。

A. 6～8；　B. 1～2；　C. 10～12；　D. 14～16。

答案：A。

二、多选题

1. 接入分布式电源的配电网线路重合闸的运行原则是（　　）。

A. 采用三相一次重合闸；

B. 采用解列重合闸方式，即系统侧重合闸采用检无压三相重合闸；

C. 不具备条件时重合闸停用；

D. 分布式电源侧重合闸停用。

答案：ABCD。

2. 配电变压器低压开关有（　　）保护。

A. 瞬时脱扣；　B. 短延时脱扣；　C. 长延时脱扣；　D. 跌落式熔断器。

答案：ABC。

3. 对于有（　　）接入配电网的，上级通道也应配置光纤电流差动保护。

A. 自备电厂；　B. 带重要直供用户电厂；

C. 垃圾电厂；　D. 重要用户。

答案：ABC。

4. 对于预定有计划孤岛的供电区域，应根据运行方式要求，综合考虑（　　）联切该区域小电源并网线的方式。

A. 变压器间隙保护；
B. 备自投装置；
C. 过电流保护；
D. 重合闸。

答案：AB。

5. 装有备自投装置的系统变电站，负荷侧接有小电源，则（ ）动作跳负荷侧断路器时，应联切相关小电源并网线，同时，变压器低压侧母联（或分段、开关站、配电室和环网单元）断路器的（ ）还应经无压检定元件控制，需要时还应经小电源联网线路的（ ）控制。

A. 变压器保护；
B. 备自投装置；
C. 断路器辅助触点；
D. 过电流保护。

答案：ABC。

6. 变压器差动保护防止励磁涌流的措施有（ ）。

A. 采用二次谐波制动；
B. 采用间断角判别；
C. 采用5次谐波制动；
D. 采用波形对称原理。

答案：ABD。

7. 下列（ ）措施可以弥补电流互感器10%误差的要求。

A. 增大二次电缆截面；
B. 并接备用电流互感器；
C. 改用容量较高的二次绕组；
D. 提高电流互感器变比。

答案：ACD。

8. 电力设备和线路短路故障的保护应有（ ）。

A. 主保护；
B. 后备保护；
C. 必要时可再增设辅助保护；
D. 电流保护。

答案：ABC。

9. 用分路试停的方法查找直流接地有时查找不到，可能是由于（ ）。

A. 分路正极接地；
B. 分路负级接地；
C. 环路供电方式合环运行；
D. 充电设备或蓄电池发生直流接地。

答案：CD。

10. 继电保护故障责任分析时，整定计算错误包括（ ）。

A. 未按电力系统运行方式的要求变更整定值；
B. 整定值计算错误（包括定值及微机软件管理通知单错误）；
C. 使用参数错误；
D. 保护装置运行管理规定错误。

答案：ABCD。

11. 电网继电保护的整定不能兼顾速动性、选择性或灵敏性要求时，按（ ）原则取舍。

A. 局部电网服从整个电网；
B. 下级电网服从上级电网；
C. 局部问题自行消化；
D. 尽量照顾局部电网和下级电网的需要。

答案：ABCD。

12. 电力系统短路时，电流互感器饱和是需要时间的，饱和时间与下列因素有关的是（　　）。

A. 电流互感器剩磁愈大，饱和时间愈长；
B. 二次负载阻抗减小，可增长饱和时间；
C. 饱和时间受短路故障时电压初始角影响；
D. 饱和时间受一次回路时间常数影响。

答案：BCD。

13. 改进电流互感器饱和的措施通常为（　　）。

A. 选用二次额定电流较小的电流互感器；
B. 铁芯设置间隙；
C. 减小二次负载阻抗；
D. 缩小铁芯面积。

答案：ABC。

14. 在发电机、变压器差动保护中，下列说法正确的是（　　）。

A. 发电机过励磁时，差动电流增大；
B. 变压器过励磁时，差动电流增大；
C. 发电机过励磁时差动电流基本不变化，变压器过励磁时差动电流增大；
D. 发电机和变压器过励磁时，差动电流均增大。

答案：BC。

15. 在系统发生非对称故障时，故障点的（　　）最高，向电源侧逐步降低为零。

A. 正序电压；
B. 负序电压；
C. 零序电压；
D. 相电压。

答案：BC。

16. 小电流接地系统单相接地故障时，故障线路的 $3I_0$ 是（　　）。

A. 某一非故障线路的接地电容电流；
B. 所有非故障线路的 $3I_0$ 之和；
C. 本线路的接地电容电流；
D. 相邻线路的接地。

答案：BC。

17. 电流互感器的二次负荷包括（　　）。

A. 表计和继电器电流线圈的电阻；
B. 接线电阻；
C. 二次电流电缆回路电阻；
D. 连接点的接触电阻。

答案：ABCD。

18. 微机线路保护装置对直流电源的基本要求是（　　）。

A. 额定电压为 220、110V； B. 允许偏差为–20%；
C. 波纹系数不大于 5%； D. 容量大于等于 200Ah。
答案：ABC。

19. 电压互感器的基本误差有（ ）。
A. 电压误差； B. 角度误差； C. 电流误差； D. 暂态误差。
答案：AB。

20. 变压器差动保护不能取代瓦斯保护，正确的原因是（ ）。
A. 差动保护只反应电气故障分量；
B. 差动保护受灵敏度限制，不能反映轻微匝间故障，而瓦斯保护能反应；
C. 差动保护不能反映绕组的断线故障，而瓦斯保护能反应；
D. 瓦斯保护能保护变压器内部所有故障。
答案：ABD。

21. 拉合操作直流熔断器应遵守（ ）的顺序。
A. 合熔断器应先合负极，后合正极； B. 拉熔断器应先拉正极，后拉负极；
C. 合熔断器应先合正极，后合负极； D. 拉熔断器应先拉负极，后拉负极。
答案：AB。

22. 微机保护装置有（ ）特点。
A. 维护调试方便； B. 可靠性高；
C. 易于获得附加功能； D. 灵活性大。
答案：ABCD。

23. 直流系统两点接地有（ ）危害。
A. 可能造成开关误跳闸； B. 可能造成开关拒动；
C. 可能引起熔丝熔断； D. 可能引起蓄电池损坏。
答案：ABC。

24. 提高继电保护装置的可靠性的方法有（ ）。
A. 正确选择保护方案，保护接线简单而合理，采用的继电器及串联触点应尽量少；
B. 加强经常性维护和管理，保护装置随时处于完好状态；
C. 提高保护装置安装和调试的质量；
D. 采用质量高、动作可靠的继电器和元件。
答案：ABCD。

25. 电流互感器不允许长时间过负荷的原因是（ ）。
A. 铁芯磁通密度达到饱和或过饱和，电流互感器误差增大，表计指示不正确，难以反映实际负荷；

B. 磁通密度增大，铁芯和二次绕组过热绝缘老化快，甚至出现损坏等情况；

C. 保护会误动作；

D. 保护装置硬件会损坏。

答案：AB。

26. 关于电力网中的变压器一、二次额定电压的规定，下面描述正确的是（　　）。

A. 变压器一次绕组的额定电压应等于接入电网的额定电压；

B. 如变压器直接与发电机连接，其一次额定电压应与发电机额定电压相等；

C. 对于阻抗大的变压器，二次额定电压应比线路额定电压高10%；

D. 对于阻抗小的变压器，二次额定电压应比线路额定电压高5%。

答案：ABCD。

27. 按频率自动减负荷装置在供电电源中断时，防止由于用户电动机反馈电压而引起的误动作的方法有（　　）。

A. 加延时；　　B. 电流闭锁；　　C. 电压闭锁；　　D. 无功闭锁。

答案：ABC。

28. 中性点不接地系统中，若电压互感器一次侧熔断器断一相，有（　　）现象发生。

A. 预告信号铃响；

B. 发出“××母线接地”信号；

C. 绝缘监视表一相电压降低，其他两相电压相等；

D. 与该母线有关的电压、有功、无功功率表读数下降。

答案：ABCD。

29. 变压器瓦斯保护动作的原因有（　　）。

A. 变压器内部严重故障；

B. 二次回路问题误动作；

C. 某些情况下由于储油柜内的胶囊安装不良造成呼吸器堵塞油温发生变化后，呼吸器突然冲开，引起瓦斯保护动作；

D. 变压器附近有较强的震动。

答案：ABCD。

30. 电压互感器的接线方式有（　　）。

A. Yyd 接线；　　B. Yy 接线；　　C. Vv 接线；　　D. Dy 接线。

答案：ABC。

31. 继电保护快速切除故障对电力系统的好处（　　）。

A. 提高电力系统的稳定性；

B. 电压恢复快，电动机容易自启动并迅速恢复正常，从而减少对用户的影响；
C. 减轻电气设备的损坏程度，防止故障进一步扩大；
D. 短路点易于去游离，提高重合闸的成功率。
答案：ABCD。

32. 定时限过电流保护的特点是（　　）。
A. 为了实现过电流保护的动作选择性，各保护的动作时间一般按阶梯原则进行整定；
B. 相邻保护的动作时间，自负荷向电源方向逐级增大；
C. 每套保护的动作时间是恒定不变的，与短路电流的大小无关；
D. 保护范围受系统运行方式变化而变化。
答案：ABCD。

33. 保护装置应具有在线自动检测功能，包括（　　）的自动检测。
A. 保护硬件损坏；　　B. 功能失效；
C. 二次回路异常运行状态；　　D. 通信中断。
答案：ABC。

34. 电流速断保护的特点是（　　）。
A. 接线简单，动作可靠；
B. 切除故障快，但不能保护线路全长；
C. 保护范围受系统运行方式变化的影响较大；
D. 保护范围受系统中变压器中性点接地数目变化影响较大。
答案：ABC。

35. 新安装或二次回路经变动后的变压器差动保护须做（　　）工作后方可正式投运。
A. 应在变压器充电时将差动保护投入运行；
B. 带负荷前将差动保护停用；
C. 带负荷后测量负荷电流相量，正确无误后；
D. 带负荷后测量继电器的差电流或差电压，正确无误后。
答案：ABCD。

36. 变压器励磁涌流的特点有（　　）。
A. 涌流在初始阶段数值很大，以后逐渐衰减；
B. 包含有大量的高次谐波，并以二次谐波成分最大；
C. 涌流波形之间出现间断；
D. 涌流幅值最大可达 6～8 倍的额定电流。
答案：ABCD。

37. 继电保护装置必须满足的基本要求是（　　）。

A. 选择性；　B. 速动性；　C. 灵敏性；　D. 可靠性。

答案：ABCD。

38. 变压器的瓦斯保护，在运行中应注意的问题是（　　）。

A. 气体继电器接线端子处不应渗油；

B. 端子盒应能防止雨、雪和灰尘的侵入的措施；

C. 电源及其二次回路要有防水、防油和防冻的措施；

D. 要在春秋二季进行防水、防油和防冻检查。

答案：ABCD。

39. 电气设备的二次回路包括（　　）。

A. 测量、监察回路；　B. 控制、信号回路；

C. 继电保护和自动装置回路；　D. 操作电流回路。

答案：ABCD。

40. 带时限速断保护的保护范围是（　　）。

A. 本线全长；　B. 下线始端一部分；

C. 下线全长；　D. 本线及下线全长。

答案：AB。

41. 对线路单相接地，可利用（　　），构成有选择性的电流保护或功率方向保护。

A. 自然电容电流；

B. 消弧线圈补偿后的残余电流，例如残余电流的有功分量或高次谐波分量；

C. 人工接地电流，但此电流应尽可能小些，不宜大于 10～20A；

D. 单相接地故障的暂态电流。

答案：ABCD。

42. 电流互感器应满足（　　）。

A. 一次回路的额定电压、最大负荷电流的要求；

B. 短路时的动、热稳定电流的要求；

C. 二次回路测量仪表、自动装置的准确度等级的要求；

D. 继电保护装置 10%误差特性曲线的要求。

答案：ABCD。

43. 中小型变压器通常装设（　　）保护装置。

A. 瓦斯保护纵差保护；　B. 电流速断保护和零序电流保护；

C. 复合电压启动的）过电流保护；　D. 过负荷保护。

答案：ABCD。

44. 对重合闸装置的要求有（　　）。
A. 手动或遥控跳闸时，不应重合；
B. 手动投入断路器于故障线路，由保护将其跳开后，不应重合；
C. 重合闸起动采用控制开关与断路器位置不对应原理及保护启动，而且保证仅重合一次；
D. 一般自动复归，有值班人员的 10kV 以下线路也可手动复归。
答案：ABCD。

45. 瓦斯保护的保护范围是（　　）。
A. 变压器内部的多相短路；
B. 匝间短路，绕组与铁芯或与外壳间的短路；
C. 油面下降或漏油；
D. 分接开关接触不良或导线焊接不良。
答案：ABCD。

46. 指示断路器位置的红、绿灯不亮，对运行造成的影响有（　　）。
A. 不能正确反映断路器的跳、合闸位置或跳合闸回路完整性，故障时造成误判断；
B. 如果是跳闸回路故障，当发生事故时，断路器不能及时跳闸，造成事故扩大；
C. 如果是合闸回路故障，会使断路器事故跳闸后自投失效或不能自动重合；
D. 跳、合闸回路故障均影响正常操作。
答案：ABCD。

47. 35kV 中性点不接地电网中，线路相间短路保护配置的原则是（　　）。
A. 当采用两相式电流保护时，电流互感器应装在各出线同名相上（例如 A、C 相）；
B. 保护装置采用远后备方式；
C. 如线路短路会使发电厂厂用电母线、主要电源的联络点母线或重要用户母线的电压低于额定电压的 50%～60%时，应快速切除故障；
D. 线路相间短路保护必须按三段式配置。
答案：ABC。

48. 新安装及大修后的电力变压器，正式投入运行前要做冲击合闸试验的目的是（　　）。
A. 检查变压器的绝缘强度；　　B. 检查变压器的机械强度；
C. 检验差动保护躲过励磁涌流的性能；　　D. 检验变压器的接线组别。
答案：ABC。

49. 三相交流电源还是三相负载均有星形（Y）和三角形（△）两种连接方式。因此，三相电路可能实现的连接方式有（　　）。
A. Y–Y；　　B. Y–△；　　C. △–Y；　　D. △–△。
答案：ABCD。

50. 在电阻、电感、电容的串联电路中，出现电路端电压和总电流同相位的现象，叫串联谐振。串联谐振的特点有（　　）。

A. 电路呈纯电阻性，端电压和总电流同相位；

B. 电抗 X 等于零，阻抗 Z 等于电阻 R；

C. 电路的阻抗最小、电流最大；

D. 在电感和电容上可能产生比电源电压大很多倍的高电压，因此串联谐振也称电压谐振。

答案：ABCD。

51. 在电阻、电感、电容的并联电路中，出现电路端电压和总电流同相位的现象，叫并联谐振。其特点是（　　）。

A. 并联谐振是一种完全的补偿，电源无需提供无功功率，只提供电阻所需的有功功率；

B. 电路的总电流最小，而支路的电流往往大于电路的总电流，因此，并联谐振也称电流谐振；

C. 发生并联谐振时，在电感和电容元件中会流过很大的电流，因此会造成电路的熔丝熔断或烧毁电气设备等事故；

D. 在电感和电容上可能产生比电源电压大很多倍的高电压，因此并联谐振也称电压谐振。

答案：BC。

52. 电流互感器的几种基本接线方式是（　　）。

A. 完全星形接线、三角形接线；　　B. 两相两继电器不完全星形接线；

C. 两相一继电器电流差接线；　　D. 三相并接以获得零序电流。

答案：ABCD。

53. 重合闸时间为从故障切除后到断路器主断口重新合上的时间，主要包括（　　）。

A. 断路器动作时间；　　B. 重合闸整定时间；

C. 断路器固有合闸时间；　　D. 灭弧时间。

答案：BC。

54. 全电缆线路之所以不使用重合闸，主要是因为（　　）。

A. 电缆线路不会发生故障；

B. 电缆线路发生的故障大多为永久性故障，重合闸成功率极低；

C. 电缆线路造价昂贵，万一重合于永久性故障，将损失惨重；

D. 运行习惯。

答案：BC。

55. 馈供线路时，一般应装设的保护是（　　）。

A. 电流速断保护；　B. 光纤差动保护；　C. 带时限速断保护；　D. 过电流保护。

答案：ACD。

三、判断题

1. 近后备是当主保护或断路器拒动时，由相邻电力设备或线路的保护实现后备。

答案：错误。

2. 远后备是当主保护拒动时，由该电力设备或线路的另一套保护实现后备的保护。

答案：错误。

3. 主保护是满足系统稳定和设备安全要求，能以最快速度有选择地切除被保护设备和线路故障的保护。

答案：正确。

4. 后备保护是主保护或断路器拒动时，用以切除故障的保护。后备保护可分为远后备和近后备两种方式。

答案：正确。

5. 变压器的纵差动保护用来反应变压器绕组、引出线及套管上的各种短路故障，是变压器的后备保护。

答案：错误。

6. 电流速断保护具有接线简单、动作迅速等优点，但它不能保护变压器的全部，因此不能单独作为变压器的主保护。

答案：正确。

7. 瓦斯保护是变压器油箱内绕组短路故障及异常的主保护，瓦斯保护分为轻瓦斯保护及重瓦斯保护两种。轻瓦斯保护作用于信号，重瓦斯保护作用于切除变压器。

答案：正确。

8. 在运行人员人工操作或遥控操作断路器跳闸时，或手动合闸于故障线路而跳闸时，重合闸装置可以重合。

答案：错误。

9. 自动重合闸对瞬时性的故障可迅速恢复正常运行，提高了供电可靠性，减少了停电损失。

答案：正确。

10. 当系统发生严重功率缺额时，自动低频减载装置的任务是迅速断开相应数量的用户负荷，使系统频率在不低于某一允许值的情况下，达到有功功率的平衡，防止事故的扩大。

答案：正确。

11. 我国电力系统中性点接地方式主要有直接接地方式、经消弧线圈接地方式。

答案：错误。

12. 中性点经消弧线圈接地后，若单相接地故障的电流呈感性，此时的补偿方式为欠补偿。

答案：错误。

13. 主保护或断路器拒动时，用来切除故障的保护是辅助保护。

答案：错误。

14. 电力系统发生振荡时，各点电压和电流均做往复性摆动。

答案：正确。

15. 系统短路时电流、电压是突变的，而系统振荡时电流、电压的变化是缓慢的且与振荡周期有关。

答案：正确。

16. 后备保护的逐级配合是指时间配合。

答案：错误。

17. 采用中性点不接地方式或经消弧线圈接地方式的系统被称为小电流接地系统。

答案：正确。

18. 电力系统对继电保护最基本的要求是它的可靠性、选择性、速动性和灵敏性。

答案：正确。

19. 在小电流接地系统中发生单相接地故障时，其相间电压基本不变。

答案：正确。

20. 无时限电流速断保护是一种全线速动的保护。

答案：错误。

21. 空载长线充电时，末端电压会升高。

答案：正确。

22. 自动重合闸启动方式只有保护启动方式。

答案：错误。

23. 空载变压器突然合闸时，可能产生的最大励磁涌流的值与短路电流相比，前者远小于后者。

答案：错误。

24. 母线充电保护是利用母联或分段断路器给另一母线充电的保护。
答案：正确。

25. 变压器的纵联差动保护不能反应变压器的轻微匝间故障。
答案：正确。

26. 变压器励磁涌流含有大量的高次谐波分量，其中以三次谐波为主。
答案：错误。

27. 变压器油箱内部的各种短路故障的主保护是差动保护。
答案：错误。

28. 差动保护能够代替瓦斯保护。
答案：错误。

29. 变压器短路故障的后备保护，主要是作为相邻元件及变压器内部故障的后备保护。
答案：正确。

30. 防止继电保护“三误”是指防止继电保护的误校验、误接线、误碰。
答案：错误。

31. 主变压器的复合电压闭锁过电流保护失去交流电压时，仅失去低压闭锁功能。
答案：错误。

32. 变压器的励磁涌流在空载投入时最大。
答案：正确。

33. 在小接地电流系统各种故障情况中，单相接地故障对电力系统稳定运行的影响最小。
答案：正确。

34. 在运行的电流互感器二次回路上工作时，严禁短路。
答案：错误。

35. 在小电流接地电网中，电流保护常用的接线方式是两相两继电器，装同名相上。
答案：正确。

36. 电力系统无功电源不足时，必将引起系统电压普遍上升。

答案：错误。

37. 变压器励磁涌流可达变压器额定电流的 9～10 倍。

答案：错误。

38. 新安装或一、二次回路有变动的变压器差动保护，当被保护的变压器充电时，应将差动保护投入。

答案：正确。

39. 两台变压器之间定相（核相）是为了核定相位是否一致。

答案：正确。

40. 继电保护装置是保证电力元件安全运行的基本装备，任何电力元件不得在无保护的状态下运行。

答案：正确。

41. 继电保护灵敏性是指保护装置对于其保护范围内发生故障或不正常运行状态时的反应能力。

答案：正确。

42. 变压器在运行中补充油，应事先将重瓦斯保护改接信号位置，以防止误动跳闸。

答案：正确。

43. 处理直流接地时，应防止造成直流短路和另一点接地。

答案：正确。

44. 当直流发生接地时，禁止在二次回路上工作。

答案：正确。

45. 对称三相电路星形联结时，线电压为相电压的 $\sqrt{3}$ 倍。

答案：正确。

46. 采用三相重合闸的双侧电源线路，先合侧要检查线路无电压，后合侧要检查线路与母线电压同步。

答案：正确。

47. 电流互感器变比越大，二次开路电压越大。

答案：正确。

48. 继电保护速动性是指继电保护应以允许的可能最快速动作于断路器跳闸。

答案：正确。

49. 变压器并列运行的条件：① 接线组别相同；② 一、二次侧的额定电压分别相等（变比相等）。

答案：错误。

50. 在小电流接地系统中发生单相接地故障时，并不破坏系统线电压的对称性，系统还可继续运行 1～2h。

答案：正确。

51. 变压器的接线组别是表示高低压侧线电压之间相位关系的一种方法。

答案：正确。

52. 电流互感器不完全星形接线，不能反应所有的接地故障。

答案：正确。

53. 110kV 及以下电力设备的保护一般采用近后备保护。

答案：错误。

54. 采用自动重合闸装置，在线路上发生永久性故障时，能迅速恢复供电，从而可提高供电的可靠性。

答案：错误。

55. 三相重合闸方式即任何类型故障，保护动作三相跳闸三相重合，重合不成跳开三相。

答案：正确。

56. 线路保护定值的整定需考虑由于负荷转供及分布式电源接入引起的线路运行方式改变的影响。

答案：正确。

57. 所有线路、变压器、母线的保护均需引入母线电压。

答案：错误。

58. 为提高保护动作的可靠性，不允许交、直流回路共用同一根电缆。

答案：正确。

59. 变压器的瓦斯保护范围在差动保护范围内，这两种保护均为瞬动保护，所以能启动瓦斯动作的故障也能启动差动保护。

答案：错误。

60. 变压器的主保护（包括重瓦斯、差动保护）同时动作跳闸，查明原因和消除故障之前，不得进行强送。

答案：正确。

61. 过电流保护在系统运行方式变小时，保护范围将变大。

答案：错误。

第六章　调度自动化

一、单选题

1. 以下哪项调度自动化的功能主要是保证电网的频率质量？（　　）

A. SCADA；　　B. EDC；　　C. AGC；　　D. DTS。

答案：C。

2. EMS 状态估计的数据源为（　　）。

A. 实时数据、历史数据、故障数据；　　B. 测量数据、开关数据、故障数据；

C. 实时数据、历史数据、计划数据；　　D. 测量数据、历史数据、故障数据。

答案：C。

3. EMS 通过厂站 RTU 或测控装置采集的数据反映了电网的稳态潮流情况，其实时性通常能达到（　　）。

A. 毫秒级；　　B. 秒级；　　C. 分钟级；　　D. 小时级。

答案：B。

4. SCADA 进行拓扑着色带电状态受（　　）因素影响。

A. 遥测；　　B. 遥信；　　C. 挡位；　　D. 遥控。

答案：B。

5. 调控员培训模拟系统（DTS）主要用于调控员培训，它可以提供一个电网的模拟系统，调控员通过它可以进行的操作有（　　）。

A. 实际现场操作及系统反事故演习；　　B. 模拟现场操作及系统反事故演习；

C. 直接现场操作及系统反事故演习；　　D. 脱离现场操作及系统反事故演习。

答案：B。

6. 调度自动化必须保证（　　），才能确保调控中心及时了解电力系统的运行状态，并做出正确的控制决策。

A. 可靠性、实时性、准确性；　　B. 安全性、实时性、稳定性；

C. 可靠性、实用性、准确性；　　D. 安全性、稳定性、准确性。

答案：A。

7. 对运行中的自动化系统、设备、数据网络配置、软件或数据库等做重大修改后应经过（　　）个月的试运行，验收合格后方可正式投运。

A. 1～2；　B. 2～3；　C. 3～6；　D. 6～9。

答案：C。

8. 教员机模拟前置机向学员台发送仿真电网的遥测遥信数据，在学员台中仿真SCADA/EMS所有的（　　）功能。

A. 监视和控制；　B. 监视和考核；　C. 考核和控制；　D. 培训和研究。

答案：A。

9. DTS的核心模块是（　　）。

A. 教员控制模块；　B. 电力系统仿真模块；

C. 控制中心仿真模块；　D. 继电保护和自动装置仿真模块。

答案：B。

10. 下列参数的变化不会改变EMS中潮流计算结果的是（　　）。

A. 变压器中性点接地方式的改变；　B. 变压器分接头位置的改变；

C. 同塔双回线中的一回线路断开；　D. 发电机无功功率的改变。

答案：A。

11.（　　）是电力网络分析中最强有力的工具。

A. 欧姆定律；　B. 库仑定律；　C. 楞次定律；　D. 基尔霍夫定律。

答案：D。

12. 调度自动化系统中，事故追忆是（　　）。

A. 将事故发生前和事故发生后有关信息记录下来；

B. 带有时标的遥信量；

C. 事故时的事件顺序记录；

D. 自发电控制。

答案：A。

13. 在潮流计算中用来平衡负荷功率与发电机功率在网络损耗情况下的差异的节点是（　　）。

A. 平衡节点；　B. 负荷节点；　C. 调整节点；　D. PV节点。

答案：A。

14.（　　）是一套按被仿真的实际电力系统的数学模型，模拟各种调度操作和故障后的系统工况为调控员提供一个逼真培训环境的计算机系统，以达到既不影响实际电力系统的运行而又培训调控员的目的。

A. 安全分析系统；　B. 调控员培训模拟系统；

C. 事故分析系统；　D. 调控员潮流系统。

答案：B。

15. 电力调度数据网络是与生产控制大区相连接的专用网络，承载的业务是（　　）。
A. 电力实时控制、在线生产交易等业务；　　B. 公共电话网络 PSTN；
C. 电力系统的微波通信；　　D. 电话视频会议等。
答案：A。

16. 电力系统一次接线图的描述和交换应遵循（　　）的要求。
A.《变电站调控数据交互规范（试行）》；　　B.《电网设备通用数据模型命名规范》；
C.《电网通用模型描述规范》；　　D.《电力系统图形描述规范》。
答案：D。

二、多选题

1. 电力调度自动化系统中，电网模型的命名应遵循（　　）的要求。
A. 电网一次设备的调度命名；　　B.《电网设备通用数据模型命名规范》；
C.《电网通用模型描述规范》；　　D.《电力系统图形描述规范》。
答案：AB。

2. 电网调度三项分析制度是指（　　）。
A. 电网调度管理分析制度；　　B. 电网调度安全分析制度；
C. 电网调度二次设备分析制度；　　D. 电网调度控制运行分析制度。
答案：BCD。

3.（DL/T 516—2006）《电力调度自动化系统运行管理规程》规定了电力调度自动化系统的组成及其设备的（　　）。
A. 运行管理；　　B. 检验管理；　　C. 技术管理；　　D. 缺陷管理。
答案：ABC。

4. 电力调度自动化系统中，调度员潮流模块的启动方式主要有（　　）。
A. 人工启动；　　B. 周期启动；　　C. 事件触发；　　D. 远程启动。
答案：ABC。

5. 电力调度自动化系统中，调度员潮流应用计算所获取的断面来源于（　　）。
A. SCADA 实时数据断面；　　B. 状态估计实时断面；
C. 状态估计保存的历史断面；　　D. SCADA 保存的历史断面。
答案：BC。

6. 智能变电站的基本要求为（　　）。
A. 全站信息数字化；　　B. 通信平台网络化；

C. 信息共享标准化；　　D. 管理运维自动化。

答案：ABC。

7. 下列属于智能变电站应用范畴的是（　　）。

A. 顺序控制；　　B. 智能告警与分析决策；

C. 故障信息综合分析决策；　　D. 源端维护。

答案：ABCD。

8. 智能电网调度技术支持系统的电网实时监控与智能告警应用主要包括（　　）。

A. 电网运行稳态监控；　　B. 电网运行动态监视与分析；

C. 二次设备在线监视与分析；　　D. 综合智能分析与告警。

答案：ABCD。

9. 下列关于生产控制大区内部安全防护的说法中正确的是（　　）。

A. 允许非控制区（安全区Ⅱ）内部业务系统采用B/S结构，但仅限于业务系统内部使用；

B. 允许提供纵向安全Web服务，可以采用经过安全加固且支持HTTPS的安全Web服务器和Web浏览工作站；

C. Ⅰ区和Ⅱ区通信必须使用单向隔离装置；

D. Ⅰ区和Ⅱ区通信无需任何防护。

答案：AB。

10. 电力二次系统的安全防护原则是（　　）。

A. 安全分区；　　B. 网络专用；　　C. 横向隔离；　　D. 纵向认证。

答案：ABCD。

11. 电力调度自动化系统和设备的检修分为（　　）。

A. 计划检修；　　B. 临时检修；　　C. 故障检修。

答案：ABC。

三、判断题

1. SCADA/EMS数据来自实时采集量（遥测、遥信），而电能量计量系统中的电能量数据是通过定时采集电能表增量累加而得。

答案：正确。

2. 自动化机房里的计算机设备要产生大量的热量，而且对环境中的灰尘数量有严格的要求，因此需要精密空调进行空气调节，保证机房对温湿度及含尘量的特殊要求。

答案：正确。

3. 国家电网公司为了响应国家提倡的自主创新策略、支持我国自主品牌软硬件产品的发展、提升 D5000 系统的安全性能，最终确定使用国产的操作系统，这些国产的操作系统就是经过改装的 Linux 操作系统。

答案：正确。

4. 调度管理信息子系统（OMS）是属于 SCADA/EMS 系统范围的一个子系统。

答案：错误。

5. 电能量计量系统应具备权限管理功能，对不同用户可设置不同的管理权限，所有数据修改均应有记录。

答案：正确。

6. 自动发电控制（AGC）对电网部分机组出力进行二次调整，以满足控制目标：保证发电出力与负荷平衡，保证系统频率为额定值，使区域联络线潮流与计划相等，最小区域化运行成本。

答案：正确。

7. G 语言既是图形文件存储和交换的格式，同时也是模型存储和交换的格式。

答案：错误。

8. 为保证调度自动化主站系统的可靠运行，主站关键设备应采用冗余配置。

答案：正确。

9. 能量管理系统（EMS）的 Web 浏览功能模块置于管理信息大区。

答案：正确。

10. 调度管理系统（OMS）门户网站分为对内网站和对外网站，是整个调控中心对内和对外的门户。其主要任务是实现调控中心内部资料和重要生产数据的查询、日常工作流程的处理，对外发布信息。

答案：正确。

11. 电气岛是指由带电支路连接在一起的一组节点，即相互联系在一起的带电母线集合。

答案：正确。

12. 遥控操作人必须严格执行自动化系统登录规定，即必须以本人经自动化系统已确认的身份进行登录。

答案：正确。

13. 自动化系统和设备的年度检修计划应与一次设备的检修计划一同编制和上报。

答案：正确。

第七章　配电自动化

一、单选题

1. 在配电网中实现馈线自动化具有减少停电时间、提高供电可靠性和（　　）、节省线路上的投资和减少电网运行与检修费用等优点。

A. 工作效率；　　B. 配电网安全运行水平；

C. 资源利用率；　　D. 供电质量。

答案：D。

2. 馈线自动化远方终端模式是指在变电站出口断路器和户外馈线分段开关处装设（　　），并建设可靠的通信网络将它们和配电网控制中心的 SCADA 系统连接，再配合相关的处理软件构成高性能系统。

A. 柱上负荷开关；　　B. 配电自动化终端；

C. 故障指示器；　　D. 柱上断路器（看门狗）。

答案：B。

3. 馈线自动化通信系统通常采用多点通信系统，可选择电话线、无线电、无线专网、光纤及电力线载波等通信方式，其中最常用可靠的是（　　）方式。

A. 电话线；　　B. 无线电；　　C. 无线专网；　　D. 光纤及电力载波。

答案：D。

4. 配电网自动化系统远方终端是用于配电网馈线回路的各种馈线远方终端、（　　）以及中压监控单元（配电自动化及管理系统子站）等设备的统称。

A. 柱上负荷开关；　　B. 中压环网柜单元；

C. 配电变压器；　　D. 配电变压器远方终端。

答案：D。

5. 一般来说，FTU 作为一个独立的智能设备，由核心模块远方终端控制器、充电器、（　　）、机箱外壳以及各种附件组成。

A. ONU；　　B. DTU；　　C. TTU；　　D. 蓄电池。

答案：D。

6. 蓄电池作为 FTU 所有供电电源的后备电源，在 FTU 中是不可缺少的。蓄电池的电压可选 DC 24V 或 DC 48V，从安装维护和人身安全方面考虑，（　　）更合适些。

A. DC 48V；　　B. DC 36V；　　C. DC 24V；　　D. DC 12V。

答案：C。

7. 遥控功能是指 FTU 应能接受（　　）命令控制开关合闸和跳闸以及启动储能过程等。
A. 就地；　　B. 手动；　　C. 远方；　　D. 人工。
答案：C。

8. 配电自动化系统 SCADA 应用的基本功能不包括（　　）。
A. 数据处理分析及计算；　　B. 事故追忆；
C. 在线潮流分析；　　D. 安全监视、控制与告警。
答案：C。

9. 在配电自动化系统中，信息采集的任务通常是由（　　）来完成的。
A. 数据库服务器；　　B. 配网经济运行服务器；
C. DTS 服务器；　　D. 前置服务器。
答案：D。

10. 配电自动化系统利用先进的图模库一体化技术建立的网络模型能为 SCADA 增加（　　）功能。
A. 图形在线编辑；　　B. 防误闭锁；
C. 数据采集；　　D. 事故追忆。
答案：B。

11. 为保证配电自动化系统主站系统运行稳定可靠，其主要设备通常采用（　　）配置。
A. 开放技术；　　B. 冗余技术；　　C. 互操作技术；　　D. 同步技术。
答案：B。

12.（　　）是 DMS 主站系统的基础，必须保证运行的稳定可靠。
A. SCADA；　　B. DTS；　　C. DA；　　D. TOP。
答案：A。

13. 配电自动化系统中的 DA 是指（　　）。
A. 配网故障定位与隔离；　　B. 调控员模拟仿真系统；
C. 配网状态估计；　　D. 配网经济运行分析。
答案：A。

14. 配电自动化实施区域的（　　）应布局合理、成熟稳定。
A. 城市规划；　　B. 设备通道；
C. 网架结构；　　D. 配电自动化终端。
答案：C。

15. 配电自动化实施区域的一次设备应满足遥测和遥信要求，需要实现遥控功能的还应具备（　　）。

A. 弹簧操作机构；　　B. 真空操作机构；

C. SF_6 操作机构；　　D. 电动操作机构。

答案：D。

二、多选题

1. 配网系统自动化是电力系统自动化的必然趋势，它是综合应用（　　）并与配电设备相结合。

A. 现代电子技术；　　B. 通信技术；

C. 网络技术；　　D. 计算机技术。

答案：ABCD。

2. 在配电网中实现馈线自动化具有（　　）等优点。

A. 减少停电时间；　　B. 提高供电可靠性和供电质量；

C. 节省线路上的投资；　　D. 减少电网运行与检修费用。

答案：ABCD。

3. 馈线自动化正常运行时具有（　　）等作用。

A. 监测线路电流；　　B. 监测线路电压；

C. 监测开关状态；　　D. 相关遥控操作。

答案：ABCD。

4. FTU 的主要功能有（　　）。

A. “三遥”；　　B. 统计；　　C. 对时；　　D. 自检自恢复。

答案：ABCD。

5. FTU 的技术核心主要有（　　）。

A. 快速故障定位；　　B. 网络通信；

C. 配电网单相接地选线与定位；　　D. 事故隔离和恢复。

答案：ABCD。

6. 配电自动化系统 SCADA 应用的基本功能为：数据采集与传输、安全监视、控制与告警、（　　）。

A. 在线潮流分析；　　B. 制表打印；

C. 特殊运算；　　D. 事故追忆。

答案：BCD。

7. 配电自动化系统主站位于安全 I 区的设备有（　　）。

A. 历史服务器；　　B. SCADA 服务器；
C. 公网前置服务器；　　D. PAS 服务器。
答案：ABD。

8. 配电自动化主站系统可通过接口与（　　）实现数据交互与共享。
A. 生产管理系统；　　B. 调度自动化系统；
C. 营销信息采集系统；　　D. 地理信息系统。
答案：ABCD。

9. 配电自动化系统的状态估计是解决 SCADA 系统实时数据存在的（　　）问题。
A. 数据不齐全；　B. 数据不准确；　C. 数据有错误；　D. 数据有变化。
答案：ABC。

10. 配电自动化系统的 DA 功能的控制方式有（　　）。
A. 主站集中控制；　　B. 电压型就地控制；
C. 终端自助控制；　　D. 以上都是。
答案：AB。

11. 配电自动化实施区域的一次设备应满足（　　）或（　　）要求，需要实现遥控功能的还应具备电动操作机构。
A. 遥调；　B. 遥视；　C. 遥信；　D. 遥测。
答案：CD。

12. 实施馈线自动化的线路应满足（　　）。
A. 故障情况下负荷转移的要求；　　B. 具备负荷转供路径；
C. 足够的备用容量；　　D. 成熟稳定的网架结构。
答案：ABC。

13. 在控制逻辑和结构设计上，配电网自愈控制应当坚持的原则有（　　）。
A. 分布自治原则；　　B. 广域协调原则；
C. 工况适应原则；　　D. 快速响应原则。
答案：ABC。

14. 根据配电系统的实际运行情况，配电网运行状态可以分为（　　）。
A. 正常状态；　B. 警戒状态；　C. 故障状态；　D. 恢复状态。
答案：ABCD。

15. 配电自动化主站软件主要包括（　　）和配电网应用软件。
A. 计算机硬件；　B. 防火墙；　C. 操作系统；　D. 支撑平台软件。

答案：CD。

16. 集中智能馈线自动化系统是由配电自动化主站根据所采集到的故障信息实现（　　）功能。

A. 故障定位；　B. 隔离；　C. 故障设备修复；　D. 恢复供电。

答案：ABD。

17. 配电自动化设备的“二遥”功能是指（　　）。

A. 遥测；　B. 遥信；　C. 遥控；　D. 遥调。

答案：AB。

18. 配电自动化终端要具有完备的（　　）能力。

A. 保护；　B. 自诊断；　C. 自恢复；　D. 相量测量。

答案：BC。

三、判断题

1. 馈线自动化（FA）系统是对配电线路上的设备进行远方实时监视、协调及控制的一个集成系统，它不仅是配电网自动化的重要组成部分之一，也是提高电能质量的关键技术之一。

答案：正确。

2. 配网系统自动化是电力系统自动化的必然趋势。

答案：正确。

3. 配电系统自动化可以大大提高配电设备利用率，提高供电质量，降损节能，降低人们的劳动强度并充分利用现有设备的能力。

答案：错误。

4. 馈线自动化的正常状态监测内容包括电压、电流、有功、无功、功率因数、电压谐波和电流谐波，既要求监测量是实时的，也要求存储一定时间段的监测结果，一般仅配置在部分配电设备上，如线路开关、电容器、调压器和配电变压器等。

答案：正确。

5. 馈线自动化故障状态监测主要用于快速查找故障点；故障处理主要是故障区域自动判断、指示与自动隔离；故障消除后迅速恢复供电功能。

答案：正确。

6. 所谓重合器就是具有多次重合功能和自具功能的断路器，是一种能够检测故障电流，并能在给定时间内遮断故障电流以及进行给定次数重合的控制装置。

答案：正确。

7. FTU 至少应能保证停电继续工作时间不少于 48h。

答案：错误。

8. 配电自动化主站系统采用的负载均衡技术是指主备机负载要保持一样。

答案：错误。

9. 配电自动化实施区域配电网电缆通道建设时，应考虑同步建设通信通道。

答案：正确。

10. 配电自动化实施区域的一次设备必须满足遥测、遥信、遥控要求，需要实现遥控功能的还应具备电动操作机构。

答案：错误。

11. 配电自动化系统根据配电终端接入规模或通信通道的组织架构，一般可采用两层（即主站—终端）或三层（主站—终端—子站）结构。

答案：错误。

12. 配电终端配置和通信通道的建设应循序渐进、分步实施。

答案：正确。

13. 配电终端常用的后备电源多采用免维护锂电池。

答案：错误。

14. 配电自动化终端接收主站命令，对配电设备进行控制与调节，是配电自动化系统的重要组成部分。

答案：正确。

15. 根据监控对象的不同，配电终端分为馈线终端、站所终端、配变终端三大类。

答案：正确。

16. 配电子站一般用于通信汇集，也可根据需要实现区域监控功能。

答案：正确。

17. 配电自动化系统不可能用一种固定费用模式来建设，但可以一步到位。

答案：错误。

18. 无论馈线采取何种类型开关，要实现配电网故障处理，配电终端必须具备可靠的备用电源。

答案：错误。

第八章　分布式电源

一、单选题

1. 在并网点电压（　　）、系统频率 49.5～50.2Hz 范围内，分布式光伏应能保持正常并网运行。

A. 80%～100%；　　B. 90%～105%；
C. 85%～110%；　　D. 95%～115%。

答案：C。

2.（　　）的分布式电源，须具备防孤岛保护功能。

A. 同步电机类型；　　B. 异步电机类型；
C. 变流器类型；　　D. 全部类型。

答案：C。

3. 分布式光伏发电接入，当采用（　　）单相接入时，应根据当地配网管理规定和三相不平衡测算结果确定接入容量。

A. 220V；　　B. 380V；　　C. 6kV；　　D. 10kV。

答案：A。

4. 分布式电源接入电网的检测点为（　　）。

A. 系统侧变电站；　　B. 电源并网点；
C. 电站内部；　　D. 公告连接点。

答案：B。

5. 分布式电源并网后，35kV 公共连接点电压正、负偏差的绝对值之和不超过标称电压的（　　）。

A. 7%；　　B. 10%；　　C. 15%；　　D. 20%。

答案：B。

6. 分布式电源并网后，10kV 公共连接点电压正、负偏差的绝对值之和不超过标称电压的（　　）。

A. ±7%；　　B. ±10%；　　C. ±15%；　　D. 20%。

答案：A。

7. 分布式电源并网后，公共连接点的三相电压不平衡度不应超过 2%，短时不超过（　　）。

A. 2%；　　B. 4%；　　C. 5%；　　D. 6%。

答案：B。

8. 分布式电源并网后，由各分布式电源引起的公共连接点三相电压不平衡度不应超过1.3%，短时不超过（　　）。

A. 2%；　　B. 2.6%；　　C. 4%；　　D. 5%。

答案：B。

9. 变流器类型分布式电源并网额定运行时，向电网馈送的直流电流分量不应超过其交流限值的（　　）。

A. 0.5%；　　B. 1%；　　C. 1.5%；　　D. 2%。

答案：A。

10. 分布式电源并网电压等级可根据装机容量进行初步选择，（　　）可接入380V。

A. 8kW及以下；　　B. 8～600kW；　　C. 8～400kW；　　D. 400～6000kW。

答案：C。

11. 分布式电源并网电压等级可根据装机容量进行初步选择，（　　）可接入10kV。

A. 200～3000kW；　　B. 200～6000kW；

C. 400～6000kW；　　D. 400～8000kW。

答案：C。

12. 分布式电源并网电压等级可根据装机容量进行初步选择，（　　）可接入35kV。

A. 3000～8000kW以上；　　B. 3000～10 000kW；

C. 3000～15 000kW；　　D. 5000～30 000kW以上。

答案：D。

13. 分布式电源调度自动化及电能量采集信息接入原则：380V 接入的分布式电源，或10kV接入的分布式光伏发电、风电、海洋能发电项目，暂只需上传电流、电压和发电量信息，条件具备时，预留（　　）上传能力。

A. 运行状态；　　B. 并网点开关状态；

C. 电能质量；　　D. 发电功率。

答案：B。

14. 分布式电源项目应在并网点设置易操作、可闭锁、且（　　）的并网开断设备。

A. 免维护；　　B. 属于行业知名品牌；

C. 具有明显断开点；　　D. 性能安全可靠。

答案：C。

15. 旋转电机类型分布式电源分为同步电机和感应电机两类，同步电机类型分布式电源主要包括（　　）等，感应电机类型分布式电源主要包括直接并网的感应式风机等。

A. 天然气三联供；　B. 生物质发电；
C. 燃机电站；　D. 以上都是。

答案：D。

16. 逆变器应符合国家、行业相关技术标准，具备高/低电压闭锁、检有压自动并网功能，检有压（　　）时自动并网。

A. 70%U_n；　B. 75%U_n；　C. 80%U_n；　D. 85%U_n。

答案：D。

17. 逆变器类型分布式电源接入220/380V配电网，其接入容量超过本台区配电变压器额定容量（　　）时，配变低压侧刀熔总开关应改造为低压总开关，并在配电变压器低压母线处装设反孤岛装置。

A. 20%；　B. 25%；　C. 30%；　D. 50%。

答案：B。

18. 同步电机类型分布式电源接入10kV配电网时，并网点开关应配置低频、电压保护装置，具备故障解列及检同期合闸功能，低频保护定值宜整定为（　　）。

A. 48Hz、0.3s；　B. 48Hz、0.2s；　C. 50Hz、0.3s；　D. 50Hz、0.2s。

答案：B。

19. 公共电网线路投入自动重合闸时，宜增加重合闸检无压功能；条件不具备时，应校核重合闸时间是否与分布式电源并、离网控制时间配合，重合闸时间宜整定为（　　）（δt为保护配合级差时间）

A. 2s+δt；　B. 0.2s+δt；　C. 5s+δt；　D. 0.5s+δt。

答案：A。

20. 感应电机类型分布式电源接入10kV配电网时，并网点开关应配置高/低压保护装置，具备电压保护跳闸及检有压合闸功能，检有压定值宜整定为（　　）U_n。

A. 80%；　B. 85%；　C. 90%；　D. 95%。

答案：B。

21. 相邻线路故障可能引起同步电机类型分布式电源并网点开关误动时，并网点开关应加装（　　）保护。

A. 电流方向；　B. 防逆流；　C. 过电压；　D. 95%距离。

答案：A。

22. 地市公司经研所制订分布式电源接入系统方案，其中分布式光伏发电多点并网项目的工作时限为（　　）个工作日。

A. 10；　B. 20；　C. 30；　D. 50。

答案：B。

23. 分布式电源并网点开关（属用户资产）的倒闸操作，须经（　　）确认后，由地市公司相关部门许可。

A. 省公司；　B. 地市公司；

C. 项目方人员；　D. 地市公司和项目方人员共同。

答案：D。

24. 分布式电源 10kV 接入时，测控装置及远动系统应能够实现接受对时功能，可以采用（　　）对时方式。

A. 北斗对时；　B. GPS 对时；　C. 网络对时；　D. 以上都是。

答案：D。

25.（　　）类型分布式发电系统接入时，不配置电能质量在线监测装置。

A. 逆变器；　B. 同步电机；　C. 感应电机；　D. 以上都是。

答案：B。

26. 并网感应电机及除光伏外逆变器并网分布式电源，功率因数应实现（　　）范围内连续可调。

A. 超前 0.95～滞后 0.95；　B. 超前 0.96～滞后 0.96；

C. 超前 0.97～滞后 0.97；　D. 超前 0.98～滞后 0.98。

答案：D。

27. 逆变器电压保护的要求，并网点电压小于 $50\%U_n$，最大分闸时间应（　　）。

A. 不超过 0.2s；　B. 不超过 2s；　C. 连续运行；　D. 不超过 0.5s。

答案：A。

28. 逆变器电压保护的要求，并网点电压 U 为 $50\%U_n < U < 85\%U_n$，最大分闸时间应（　　）。

A. 不超过 0.2s；　B. 不超过 2s；　C. 连续运行；　D. 不超过 0.5s。

答案：B。

29. 逆变器电压保护的要求，并网点电压 U 为 $85\%U_n < U < 110\%U_n$，最大分闸时间应（　　）。

A. 不超过 0.2s；　B. 不超过 2s；　C. 连续运行；　D. 不超过 0.5s。

答案：C。

30. 逆变器电压保护的要求，并网点电压 U 满足 110% U_n＜U＜135% U_n，最大分闸时间应（　　）。

A. 不超过 0.2s；　B. 不超过 2s；　C. 连续运行；　D. 不超过 0.5s。

答案：B。

31. 逆变器电压保护的要求，并网点电压 U 满足 135% U_n≤U，最大分闸时间应（　　）。

A. 不超过 0.2s；　B. 不超过 2s；　C. 连续运行；　D. 不超过 0.5s。

答案：A。

32. 380/220V 接入的分布式电源需要经过一定延时后才能重新并网，延时值应大于（　　）s。

A. 5；　B. 10；　C. 15；　D. 20。

答案：D。

33. 分布式电源接入用户侧，因接入引起的公共电网改造工程（　　）。

A. 由用户投资建设；　B. 由用户与供电企业协商建设；

C. 由供电企业储备项目处理；　D. 由供电企业技改项目处理。

答案：D。

34. 分布式电源功率预测时间分辨率为（　　）。

A. 5min；　B. 10min；　C. 15min；　D. 30min。

答案：C。

35. 旋转电机类型分布式电源接入 10kV 配电网，并网点开关的重合闸应投（　　）。

A. 不检定；　B. 检无压；　C. 检同期；　D. 不重合。

答案：C。

36. 旋转电机类型分布式电源接入 10kV 配电网，公共线路的重合闸应投（　　）。

A. 不检定；　B. 检无压；　C. 检同期；　D. 不重合。

答案：B。

37. 变流器类型的分布式电源，其防孤岛保护应与电网侧线路保护相配合，并不大于（　　）。

A. 0.5s；　B. 1.0s；　C. 2.0s；　D. 5.0s。

答案：C。

38. 逆变器类型分布式电源功率因数应在（　　）范围内可调。

A. 0.98（超前）～0.98（滞后）；　B. 0.90（超前）～0.90（滞后）；

C. 0.95（超前）～0.95（滞后）；　D. 0.99（超前）～0.99（滞后）。

答案：C。

39. 10（6）～35kV 接入的分布式电源因故退出运行，应立即向地市供电公司（　　）汇报，经调控部门同意后方可按调度指令并网。

A. 调控部门；　B. 营销部门；　C. 生技部；　D. 运维部门。

答案：A。

40. 分布式电源的接地方式应（　　）。

A. 接地运行；　B. 和电网侧一致；　C. 不接地运行；　D. 无要求。

答案：B。

二、多选题

1. 无需专门设置防孤岛保护的分布式电源类型有（　　）。

A. 同步电机类型；　B. 异步电机类型；

C. 变流器类型；　D. 逆变器类型。

答案：AB。

2. 分布式光伏发电单个并网点容量为（　　）时，推荐采用 10kV 接入系统。

A. 200kW；　B. 500kW；　C. 1MW；　D. 5MW。

答案：BCD。

3. 对于单个并网点，分布式光伏发电接入的电压等级应根据（　　）确定。

A. 发电容量；　B. 导线载流量；

C. 上级变压器及线路可接纳能力；　D. 地区配电网情况。

答案：ABCD。

4. 旋转电机类分布式电源接入前，应对接入的（　　）进行短路电流和热稳定校核，如有必要也可进行动稳定校核。

A. 母线；　B. 线路；　C. 开关；　D. 变压器。

答案：ABC。

5. 分布式电源并网点开断设备应符合的要求有（　　）。

A. 具备闭锁功能；　B. 具有明显开断点；

C. 具备接地功能；　D. 可开断故障电流。

答案：ABCD。

6. 太阳能光伏发电系统一般由（　　）组成。

A. 光伏组件；　B. 光伏控制/逆变器；

C. 交直流配电设备；　D. 环境监控设备。

答案：ABCD。

7. 潮汐发电的形式有（　　）。

A. 单库单向电站；　　B. 单库双向电站；

C. 双库双向电站；　　D. 双库单向电站。

答案：ABC。

8. 典型生物质能发电厂类型有（　　）。

A. 直接燃烧发电工程；　　B. 混合燃烧发电工程；

C. 汽化发电工程；　　D. 液体燃料。

答案：ABC。

9. 同步电机类型分布式电源，并网点开关应配置的装置有（　　）。

A. 低频、电压保护装置；　　B. 故障解列；

C. 检同期合闸功能；　　D. 防孤岛功能。

答案：ABC。

10. 通过 10（6）～35kV 电压等级并网的分布式电源，在满足（　　）要求时，线路也可采用“T”接方式。

A. 可靠性；　　B. 选择性；　　C. 灵敏性；　　D. 速动性。

答案：ABCD。

11. 分布式电源的电能质量包括（　　）。

A. 谐波；　　B. 电压偏差；

C. 电压不平衡度；　　D. 电压波动和闪变。

答案：ABCD。

12. 感应电机类型分布式电源，并网点开关应配置高/低压保护装置，具备（　　）功能。

A. 电压保护跳闸；　　B. 检有压合闸功能；

C. 检同期合闸功能；　　D. 低频保护功能。

答案：AB。

13. 分布式电源接入系统方案的内容应包括：分布式电源项目建设规模（本期、终期）、开工时间、（　　）、系统一次和二次方案及主设备参数、（　　）、计量关口点设置、关口电能计量方案等。

A. 投产时间；　　B. 竣工时间；

C. 产权分界点设置；　　D. 保护方式。

答案：AC。

14. 分布式电源并网电压等级可根据装机容量进行初步选择，以下可接入 380V 的电源项目有（　　）。

A. 6kW；　　B. 200kW；　　C. 320kW；　　D. 410kW。

答案：BC。

15. 10kV 及以上电压等级接入的分布式电源（除 10kV 接入的分布式光伏发电、风电、海洋能发电项目），上传（　　）有功功率、无功功率和发电量等实时运行信息。

A. 并网设备状态；　　B. 保护运行状态；

C. 并网点电压；　　D. 电流。

答案：ACD。

16. 逆变器类型分布式电源接入 220/380V 配电网时，并网点应安装易操作，具有（　　）、具备（　　）的低压并网专用开关。

A. 明显断开点；　　B. 明显开断指示；

C. 开断故障电流能力；　　D. 故障显示功能。

答案：BC。

17. 配置遥控装置的分布式电源，应能（　　）调度端远方控制解/并列、启停和发电功率的指令。

A. 接收；　　B. 上传；　　C. 执行；　　D. 下达。

答案：AC。

18. 接入 220/380V 电压等级的分布式电源，或 10kV 接入的分布式光伏发电、风电、海洋能发电项目，暂只需上传（　　），条件具备时，预留上传并网点开关状态能力。

A. 电流；　　B. 电压；　　C. 发电量信息；　　D. 发电功率。

答案：ABC。

19. 分布式电源包括太阳能和（　　）、地热能、海洋能、资源综合利用发电（含煤矿瓦斯发电）等。

A. 天然气；　　B. 小水电；　　C. 生物质能；　　D. 风能。

答案：ACD。

20. 分布式电源并网信息包括接入前期、（　　）和并网调试等分布式电源项目并网各阶段的相关信息，以及公司分布式电源并网业务咨询及受理情况信息。

A. 接入工程建设；　　B. 合同及协议签署；

C. 计量装置安装；　　D. 并网验收。

答案：ABD。

21. 非计划性孤岛的危害可能有（　　）。

A. 用户的电压波动大；
B. 用户的频率波动很大；
C. 线路维修的工作人员有触电的危险；
D. 重新与系统并列运行时，可能损坏分步式发电设备。
答案：ABCD。

22. 光伏发电站调度自动化设备供电电源应采用（　　）。
A. 不间断电源装置；
B. 站内交流电源；
C. 站内直流电源；
D. 无特殊要求。
答案：AC。

23. 光伏电站并网检测应包括（　　）。
A. 光伏发电站电能质量检测；
B. 有功、无功功率控制能力检测；
C. 低电压穿越能力验证；
D. 电压、频率适应能力验证。
答案：ABCD。

三、判断题

1. 分布式电源采用专线方式接入时，专线线路应投重合闸。
答案：错误。

2. 感应电机类型分布式电源与公共电网连接处（如用户进线开关）功率因数应在超前0.98～滞后0.98之间。
答案：正确。

3. 同步电机、异步电机类型分布式电源，无需专门设置防孤岛保护，但分布式电源切除时间应与线路保护相配合，以避免非同期合闸。
答案：正确。

4. 10（6）～35kV 接入的分布式电源项目，其涉网设备应按照并网调度协议约定，纳入地市供电公司调控部门调度管理；380/220V 接入的分布式电源项目，由地市供电公司营销部门管理。
答案：正确。

5. 省级电网范围内，分布式光伏发电、风电、海洋能发电项目总装机容量超过当地年最大负荷的2%时，省级电网公司调控部门应根据分布式电源功率预测结果调整电网电力平衡。
答案：错误。

6. 分布式电源并网电压等级可根据装机容量进行初步选择，最终并网电压等级应根据电网条件，通过技术经济比选论证确定。若高低两级电压均具备接入条件，优先采用高电压等级接入。

答案：错误。

7. 10kV 及以下接入用户侧电源项目，要求具备低电压穿越能力。

答案：错误。

8. 380V 接入的分布式电源，10kV 接入的分布式光伏发电、风电、海洋能发电项目，可采用无线公网通信方式（光纤到户的可采用光纤通信方式），但应采取信息安全防护措施。

答案：正确。

9. 分布式电源项目所采用的逆变器、旋转电机应通过国家认可资质机构的检测或认证。

答案：正确。

10. 分布式电源送出线路的继电保护不要求双重配置，可不配置光纤纵差保护。

答案：正确。

11. 接有分布式电源的 10kV 配电台区，可以与其他台区建立低压联络（配电室、箱变低压母线间联络除外）。

答案：错误。

12. 逆变器类型分布式电源功率因数应在超前 0.98～滞后 0.98 范围内可调。

答案：错误。

13. 接入 10kV 配电网的分布式电源，系统侧设备消缺、检修优先采用停电作业方式。

答案：错误。

14. 接入 220/380V 配电网的分布式电源，系统侧设备停电消缺、检修，应按照供电服务相关规定，提前通知分布式电源用户。

答案：正确。

15. 公共连接点是指电源接入电网的连接处，该电网既可能是公共电网，也可能是用户电网。

答案：错误。

16. 接入点是指用户系统（发电或用电）接入公用电网的连接处。

答案：错误。

17. 经逆变器并网的风力发电、微燃机发电等项目的接入系统应参照光伏发电进行设计。

答案：正确。

18. 分布式电源接入 20kV 及以下系统，三相公共连接点电压偏差不超过标称电压的±10%。

答案：错误。

19. 分布式电源当采用专线方式接入电网时，宜配置电流保护。

答案：错误。

20. 380V 接入的分布式发电项目，同步电机类型的分布式发电需上传发电量信息，并具备并网点开关状态信息采集和上传能力；其他类型分布式电源接入暂只需上传发电量信息。

答案：正确。

21. 380/220V 电压等级接入的分布式电源，按照相关暂定规定，只考虑采集关口计费电能表计量信息，可通过配置无线采集终端装置或接入现有集抄系统实现电量信息采集及远传，一般不配置独立的远动系统。

答案：错误。

22. 以 380/220V 电压等级接入的分布式发电系统的电能计量装置，应具备电流、电压、电量等信息采集和三相电流不平衡监测功能，具备上传接口。

答案：正确。

23. 分布式电源的接入点是指分布式电源接入电网的连接处，该电网既可能是公共电网，也可能是用户电网。

答案：正确。

24. 380V 接入项目，并网点开关（属用户资产）的倒闸操作，由地市供电公司调控部门确认和许可。

答案：错误。

25. 10kV 并网的分布式发电系统无功补偿容量的计算，应充分考虑逆变器功率因数、汇集线路、变压器和送出线路的无功损失等因素。

答案：正确。

26. 地市供电公司调控部门应根据分布式电源类型和实际电网运行方式确定电压调节方式。

答案：正确。

27. 分布式电源项目的线路保护应以保证分布式电源的运行方式为原则，兼顾公共电网的可靠性，采取有效的保护方式。

答案：错误。

28. 分布式电源系统设有母线时，可不设专用母线保护，发生故障时可由母线有源连接元件的后备保护切除故障。

答案：正确。

29. 分布式电源启动时，其输出功率的变化率不受限制。

答案：错误。

30. 系统侧变电站或开关站线路保护重合闸检无压配置应根据当地调度主管部门要求设置，必要时配置单相电压互感器。接入分布式电源且未配置电压互感器的线路原则上取消重合闸。

答案：正确。

31. 电机类并网的分布式电源，其电机本体应该具有反映内部故障及过载等异常运行情况的保护功能。

答案：正确。

32. 10kV 接入的分布式发电项目，调度管理纳入县公司调控中心调度运行管理。调控中心应实时监视运行情况。

答案：错误。

33. 经同步电机直接接入系统的分布式电源，应在必要位置配置同期装置。

答案：正确。

34. 分布式发电系统接入配电网前，应明确上网电量和下网电量关口计量点，原则上设置在产权分界点，上、下网电量分开计量，可根据实际需求采用抵扣结算的方式。

答案：错误。

35. 当分布式电源项目的运营模式确定为自发自用且余量不上网时，可按照常规用户配置关口计量电能表。

答案：正确。

36. 10kV 及以下接入分布式电源按接入电网形式分为逆变器和旋转电机两类。

答案：正确。

37. 逆变器类型分布式电源经逆变器接入电网，主要包括光伏、全功率逆变器并网风机等。

答案：正确。

38. 分布式电源继电保护和安全自动装置配置应符合相关继电保护技术规程、运行规程和反事故措施的规定，装置定值应与电网继电保护和安全自动装置配合整定，防止发生继电保护和安全自动装置误动、拒动，确保人身、设备和电网安全。

答案：正确。

39. 380V 并网的逆变器类型分布式电源项目，应在电网并网点安装低压并网专用开关，专用开关只要具备失压跳闸功能。

答案：错误。

40. 分布式电源项目的系统通信方式可采用无线专网或 GPRS、CDMA 无线公网通信方式。当有控制要求时，不应采用无线公网通信方式。

答案：正确。

41. 分布式电源发电系统并网点应设置并网电能表，用于分布式电源发电量统计和电价补偿。

答案：正确。

42. 380V 接入的分布式发电项目，计量电能表应具备电能质量在线监测功能，可监测三相不平衡电流。

答案：正确。

43. 分布式电源采用专用送出线路接入变电站或开关站 10kV 母线时，一般情况下配置（方向）过电流保护，也可以配置距离保护；当上述两种保护无法整定或配合困难时，需增配纵联电流差动保护。

答案：正确。

44. 分布式电源采用 T 接线路接入系统时，为了保证其他用户的供电可靠性，一般情况下需在分布式电源站侧配置延时过电流保护反应内部故障。

答案：错误。

45. 小型光伏电站，逆变器必须具备快速检测孤岛且检测到孤岛后立即断开与电网连接的能力，其防孤岛方案应与继电保护配置、频率电压异常紧急控制装置配置和低电压穿越等相配合，时限上互相匹配。

答案：正确。

46. 有计划性孤岛要求的分布式发电系统，应配置频率、电压控制装置，孤岛内出现电压、频率异常时，可对发电系统进行控制。

答案：正确。

47. 10kV 接入系统的分布式电源电站内需具备交流电源，供新配置的保护装置、测控装置、电能质量在线监测装置等设备使用。

答案：错误。

48. 10kV 接入系统的分布式电源电站内需配置直流电源，供关口电能表、电能量终端服务器、交换机等设备使用。

答案：错误。

49.《国家电网公司关于做好分布式电源并网服务工作的意见（修订版）》中所指分布式电源，是指在用户所在场地或附近建设安装、运行方式以用户侧自发自用为主、多余电量上网，且在配电网系统平衡调节为特征的发电设施或有电力输出的能量综合梯级利用多联供设施。

答案：正确。

50. 10kV 及以下电压等级接入，且单个并网点总装机容量不超过 6MW 的分布式电源，适用于《国家电网公司关于做好分布式电源并网服务工作的意见（修订版）》。

答案：正确。

51. 35kV 电压等级接入，年自发自用电量大于 50%的分布式电源；或 10kV 电压等级接入且单个并网点总装机容量超过 6MW，年自发自用电量大于 50%的分布式电源，适用于《国家电网公司关于做好分布式电源并网服务工作的意见（修订版）》

答案：正确。

52. 接入点为公共连接点、发电量全部上网的发电项目，小水电，除第一、二类以外的分布式电源项目，本着简便高效原则做好并网服务，执行国家电网公司常规电源相关管理规定。

答案：正确。

53. 分布式电源切除时间应固定，且无需和线路保护及重合闸配合。

答案：错误。

54. 分布式光伏发电系统自用电量不收取随电价征收的各类基金和附加，其他分布式电源系统备用费、基金和附加执行国家有关政策。

答案：正确。

55. 公司为列入国家可再生能源补助目录的分布式电源项目提供补助电量计量和补助资金结算服务。公司收到财政部拨付补助资金后，根据项目补助电量和国家规定的电价补贴标准，按照电费结算周期支付项目业主。

答案：正确。

56. 由用户出资建设的分布式电源及其接入系统工程，其设计单位、施工单位及设备材料供应单位由用户自主选择。

答案：正确。

57. 10（6）～35kV 接入的分布式电源，其并入电力通信光传输网、调度数据网的应纳入电力通信网管系统统一管理。

答案：正确。

58. 分布式电源项目设备选型应符合国家与行业安全、节能、环保要求和标准。

答案：正确。

59. 自然人办理分布式电源并网申请需提供：经办人身份证原件及复印件、户口本、房产证（或乡镇及以上级政府出具的房屋使用证明）项目合法性支持性文件。

答案：正确。

60. 用户工程报装申请可与分布式电源接入申请合并受理。

答案：错误。

61. 合同能源管理项目，还需提供签订的合同能源管理合作协议；公共屋顶光伏项目，还需提供建筑物及设施使用或租用协议。

答案：正确。

62. 对于住宅小区居民使用公共区域建设分布式电源，在申请并网时还需提供物业、业主委员会或居民委员会的同意建设证明。

答案：正确。

63. 光伏电池、逆变器等设备，需取得国家授权的有资质的检测机构检测报告。

答案：正确。

64. 光伏发电系统主要由太阳能电池板（组件）、控制器和逆变器三大部分组成。

答案：正确。

65. 享受金太阳示范工程补助资金、太阳能光电建筑应用财政补助资金的项目不属于分布式光伏发电补贴范围。

答案：正确。

66. 380/220V 接入的分布式电源应具备自适应控制功能，当并网点电压、频率越限或发生孤岛运行时，应能自动脱离电网。

答案：正确。

67. 分布式电源因电网发生扰动脱网后，在电网电压和频率恢复到正常运行范围之前不允许重新并网。

答案：正确。

68. 非经营性充换电设施（如社区、单位、私家车库等）的用电价格按所在充换电场所的现行分类电价执行。

答案： 正确。

69. 对于新建、改造的小区和停车场建设充电桩，由产权、管理单位负责建设运营，公司可提供相关的技术规范，并按常规电力客户受理接电申请。

答案： 正确。

70. 分布式电源应按规定向营销部门报送检修计划，并按照调控机构下达的检修计划严格执行。

答案： 错误。

71. 分布式电源应严格执行调控机构下达的发电计划曲线（或实时调度曲线）。

答案： 正确。

72. 380/220V 接入的分布式电源项目，由地市供电公司营销部门管理。

答案： 正确。

73. 分布式电源并网点应安装易操作、可闭锁、具有明显开断点、带接地功能、可开断故障电流的开断设备。

答案： 正确。

74. 分布式光伏发电单个并网点容量为 400kW～6MW 时，宜采用 10kV 接入。

答案： 正确。

75. 变流器类型分布式电源，无需专门设置防孤岛保护，但分布式电源切除时间应与线路保护配合，以避免非同期合闸。

答案： 错误。

76. 分布式光伏发电单个并网点容量在 500kW 以下时，宜采用 380V 接入。

答案： 错误。

77. 220V 单相公共连接点电压偏差不超过标称电压的+7%，–10%。

答案： 正确。

78. 分布式光伏发电当采用 220V 单相接入时，应根据当地配网管理规定和三相不平衡测算结果确定接入容量。

答案： 正确。

第九章　配网抢修指挥

一、单选题

1. 配网抢修指挥是指地（市、州）供电公司电力调度控制中心及县级电力调度控制中心，根据客户服务中心派发的抢修类工单内容或（　　），对配网故障进行研判，并将工单派发至相应抢修班组。

A. 故障现象；　　B. 配调监控系统发现的故障信息；
C. 配电抢修班发现的故障信息；　　D. 客户电话报修。

答案：B。

2. 公司配网故障抢修指挥的归口管理部门是（　　）。

A. 营销部；　B. 运检部；　C. 国调中心；　D. 配电工区。

答案：C。

3. 配电网的故障研判是指依托配电网物理拓扑结构、设备与设备上下级关系，通过收集当前电网各类设备（　　）信号，诊断出引起停电的故障类别、发生故障的位置以及停电影响范围的过程。

A. 实时运行；　B. 事故告警；　C. 开关状态；　D. 保护动作。

答案：A。

4.（　　）系统是配网故障研判业务应用的信息化支撑平台。

A. 生产管理；　　B. 配网故障研判技术支持；
C. 营销管理；　　D. 配电自动化。

答案：B。

5. 对于紧急故障的处理，抢修时间超过 4h 的，每隔（　　）向本单位调控中心报告故障处理进展情况。

A. 1h；　B. 2h；　C. 3h；　D. 4h。

答案：B。

6.（　　）为电力客户用电业务建立业务流程平台，提供营销分析和辅助决策支持，为营销各业务质量和数据信息提供稽查监控平台。

A. 生产管理系统；　　B. 配网故障研判技术支持系统；
C. 营销管理系统；　　D. 配电自动化系统。

答案：C。

7. 地市、县供电企业调控中心应在国网客服中心或省客服中心下派工单后（　　）内完成接单或退单，对故障报修工单进行故障研判和抢修派单。

A. 2min；　　B. 3min；　　C. 5min；　　D. 7min。

答案：B。

8. 抢修人员到达故障现场时限要求，一般情况下，农村不超过（　　）。

A. 30min；　　B. 45min；　　C. 60min；　　D. 90min。

答案：D。

9. 各类告警信息推送到（　　）进行故障研判前，需在已发布的停电信息范围内进行过滤判断。

A. 配网故障研判技术支持系统；　　B. 生产管理系统；

C. 营销管理系统；　　D. 配电自动化系统。

答案：A。

10. 已经或可能引发人员密集公共场所秩序混乱的电力设施安全隐患或故障属于（　　）故障。

A. 一般；　　B. 紧急；　　C. 重大；　　D. 重要。

答案：B。

11. 已经或可能在经济上造成较大损失的电力设施安全隐患或故障属于（　　）故障。

A. 一般；　　B. 紧急；　　C. 重大；　　D. 重要。

答案：B。

12. 依据客户报修信息，结合营配贯通（　　）关系，获取客户关联表箱及坐标信息，实现报修客户定位。

A. 设备对应；　　B. 配电变压器对应；　　C. 客户对应；　　D. 线路对应。

答案：C。

13. 主干线开关跳闸信息结合（　　），校验主干线开关跳闸信息的准确性。

A. 该支线路下的多个配电变压器停电告警信息；

B. 实时召测配电变压器终端及该配电变压器下随机多个智能电能表的电压、电流等信息；

C. 实时召测客户侧电能表的电压、电流等信息；

D. 该线路下的多个配电变压器停电告警信息。

答案：D。

14. 计量装置类故障（窃电、违约用电等除外），由（　　）先行换表复电，营销人员事后进行计量加封及电费追补等后续工作。

A. 抢修人员；
B. 装表接电人员；
C. 抄表收费人员；
D. 用电检查人员。

答案：A。

15. 按照（　　）运行的单位由省客服中心负责故障报修的回访工作。

A. 国网客服中心受理直派地（县）调模式；
B. 国网客服中心受理，省客服中心转派地（县）调模式；
C. 省客服中心受理直派地（县）调模式；
D. 以上都是。

答案：C。

16. 合并后的故障报修工单处理完毕后，仅需回访（　　），客户提出回访诉求的工单除外。

A. 客户未提出回访诉求的工单；
B. 主工单；
C. 子工单；
D. 所有工单。

答案：B。

17. 故障报修工单原则上每日（　　）不得开展回访工作。

A. 晚 21:00 至次日早 8:00；
B. 晚 20:00 至次日早 2:00；
C. 晚 22:00 至次日早 7:00；
D. 晚 23:00 至次日早 6:00。

答案：A。

18. 故障报修工单预计恢复送电时间是（　　）项。

A. 选填；
B. 不需填；
C. 不允许填；
D. 必填。

答案：D。

19. 对于超电网供电能力停限电，现场送电汇报后（　　）内填写送电时间。

A. 10min；
B. 15min；
C. 20min；
D. 30min。

答案：A。

20. 临时性日前停电，地市、县供电企业调控中心应提前（　　）向国网客服中心报送停送电信息。

A. 1h；
B. 2h；
C. 6h；
D. 24h。

答案：D。

21.（　　）不属于生产类停送电信息。

A. 计划停电；
B. 临时停电；
C. 电网故障停限电；
D. 用户欠费停电。

答案：D。

22.（　　）是指停电涉及的供电设施（设备）情况。

A. 停电区域（设备）；　　B. 停电类型；

C. 停电范围；　　D. 停电的地理位置。

答案：A。

23. 95598 发布的影响客户供电的生产类停送电信息有（　　）、临时停电、电网故障停限电。

A. 计划停电；　　B. 约时停电；　　C. 欠费停电；　　D. 违约用电。

答案：A。

24. 95598 停送电信息（简称停送电信息）是指因各类原因致使客户正常用电中断，需及时（　　）向报送的信息。

A. 各省客服中心；　　B. 国网客服中心；

C. 地市营销部；　　D. 地市、县供电企业调控中心。

答案：B。

25.（　　）以上设备计划停电、临时停电、故障停限电、超电网供电能力停限电应报送停送电信息。

A. 公变；　　B. 分支线；　　C. 低压线；　　D. 主干线。

答案：A。

26. 除临时故障停电外，停电原因消除送电后地市、县供电企业调控中心应在（　　）内向国网客服中心报送现场送电时间。

A. 10min；　　B. 20min；　　C. 15min；　　D. 30min。

答案：A。

27. 除临时故障停电外，停电原因消除送电后地市、县供电企业调控中心应在 10min 内向（　　）报送现场送电时间。

A. 省客服中心；　　B. 国网客服中心；

C. 地市营销部；　　D. 地市配电运检部。

答案：B。

28. 对未及时报送停送电信息的单位，国网客服中心可形成工单发送至相关（　　）进行催报，由省客服中心及有关地市、县供电企业核实后，及时报送。

A. 各省客服中心；　　B. 国网客服中心；

C. 地市营销部；　　D. 地市、县供电企业调控中心。

答案：A。

29. 停送电信息内容发生变化后（　　）内，地市、县供电企业调控中心应向国网客服中心报送相关信息，并简述原因。

A. 10min；　B. 20min；　C. 15min；　D. 30min。

答案：A。

30. 现场送电时间：指现场（　　）时间。

A. 实际操作；　B. 实际恢复送电；　C. 实际发令；　D. 实际汇报。

答案：B。

31. 对于非本部门职责范围或信息不全影响抢修工作的工单，地市、县供电企业调控中心在 3min 内将工单回退至（　　）并详细注明退单原因。

A. 国网客服中心；　B. 省客服中心；　C. 派发单位；　D. 抢修单位。

答案：C。

32. 抢修完毕后 5min 内抢修人员填单向本单位调控中心反馈结果，调控中心内（　　）完成工单审核、回复工作。

A. 10min；　B. 20min；　C. 30min；　D. 40min。

答案：C。

33. 现场抢修记录填写故障设备名称、编号，故障修复情况等，超过一个台区以上范围停电的，必须填写（　　）。

A. 停电设备；　B. 停电范围；　C. 停电线路；　D. 停电客户。

答案：A。

34. 低压故障主要包括（　　）。

A. 客户内部故障；

B. 供电电压、频率等方面问题导致低压用电设备故障；

C. 路灯等非供电产权的低压线路故障；

D. 低压线路、进户装置、低压公共设备、低压计量设备故障。

答案：D。

35. 来源于检修单位提交的设备停电检修申请单，申请单应涵盖所管辖设备（　　）报送内容。

A. 全部停送电信息；　B. 地、县调控中心编译范围内；

C. 运检单位编译范围内；　D. 营销部门编译范围内。

答案：A。

36. 报送故障停电信息时，营配信息融合未完成的单位，地市、县公司调控中心应在收到各部门报送的停电信息后（　　）内报客服中心。

A. 5min；　B. 10min；　C. 30min；　D. 50min。

答案：B。

37. 国调中心负责公司配网抢修指挥管理（　　）及技术支持功能应用规范的制定。
A. 制度；　　B. 标准；　　C. 流程；　　D. 以上都对。
答案：D。

38. 国网营销部负责服务质量及（　　）工作质量的监督、检查、考核、评价管理工作，手机 APP 的总体部署。
A. 停送电信息报送；　　B. 抢修质量；
C. 故障抢修；　　D. 停送电信息审核。
答案：A。

39. 国网客户服务中心负责受理客户故障报修诉求，（　　）工单，负责根据上报的停送电信息及时回复客户报修诉求。
A. 填写；　　B. 合并；
C. 填写、合并、派发；　　D. 派发。
答案：C。

40. 省公司营销部负责监督和考核本省（　　）工作质量和 95598 业务支撑工作质量。
A. 95598 客户服务；　　B. 计量中心；
C. 服务中心；　　D. 电费中心。
答案：A。

41. 省公司营销部负责协调本省有关部门（　　）和生产信息的支撑工作。
A. 95598 营销；　　B. 95598 客服；
C. 客服服务中心；　　D. 营销中心。
答案：A。

42. 省公司运维检修部主要负责指导、监督和考核地公司配网故障抢修工作，协调解决故障抢修工作中的（　　）。
A. 重大问题；　　B. 严重问题；　　C. 一般问题；　　D. 问题。
答案：A。

43.（　　）负责接收抢修类及生产类紧急非抢修工单、研判分析、通过系统合并、派发工单。
A. 国调中心；　　B. 省公司；　　C. 地、县调；　　D. 运维检修部。
答案：C。

44. 地调负责审核抢修班组（　　）的工单。

A. 回填；　　B. 回退；　　C. 回复；　　D. 抢修。
答案：A。

45. 地市公司（　　）负责督导故障抢修物资、人员、车辆的管理工作。
A. 调控中心；　　B. 客服中心；　　C. 运维检修部；　　D. 营销部。
答案：C。

46. 县调负责接收抢修类及（　　）工单、研判分析、通过系统合并、派发工单。
A. 生产类紧急非抢修；　　B. 咨询；
C. 投诉；　　D. 建议。
答案：A。

47. 县公司（　　）负责汇总报送本单位生产类停电送电信息。
A. 营销部；　　B. 运维检修部；　　C. 调控中心；　　D. 供电所。
答案：C。

48. 现场抢修人员应服从（　　）的指挥，现场抢修驻点位置、抢修值班力量应设置合理。
A. 供电所长；　　B. 工作负责人；
C. 配网抢修指挥人员；　　D. 值班调控人员。
答案：C。

49. 地、县公司（　　）及时通报抢修驻点、抢修范围及联系人方式等变化情况。
A. 调控中心；　　B. 供电所；　　C. 营销部；　　D. 运检部。
答案：D。

50. 生产类紧急非抢修工单内容包括供电企业供电设施消缺、协助停电及（　　）。
A. 低压设备故障；　　B. 电能质量故障；
C. 低压计量装置故障；　　D. 客户内部故障。
答案：C。

51. 低压故障是指电力系统中低压电气设备电压等级在（　　）kV 以下者的故障。
A. 1；　　B. 10；　　C. 35；　　D. 110。
答案：A。

52.（　　）负责服务质量及停送电信息报送工作质量的监督、检查、考核、评价管理工作，手机 APP 的总体部署。
A. 国网运维检修部；　　B. 国网营销部；
C. 国调中心；　　D. 国网客户服务中心。

答案：B。

53. 在（　　）时应详细记录客户故障报修的用电地址、用电区域、客户姓名、客户户号、联系方式、故障现象、客户感知等信息。

A. 派发信息；　　B. 回访信息；

C. 受理客户诉求；　　D. 催办信息。

答案：C。

54. 根据客户报修故障的（　　）等将故障报修业务分为紧急、一般两个等级。

A. 重要程度；　　B. 停电影响范围；

C. 危害程度；　　D. 以上皆是。

答案：D。

55. 因（　　）、派发区域、业务类型、客户联系方式等信息错误、缺失或无客户有效信息的工单，允许退单，退单时应注明需要补充填写的内容。

A. 工单类型；　　B. 工单编号；　　C. 工单内容；　　D. 以上皆是。

答案：C。

56.（　　）负责远程终端的总体部署。

A. 国网运维检修部；　　B. 国网营销部；

C. 国调中心；　　D. 国网客户服务中心。

答案：A。

57. 客户内部故障指的产权分界点（　　）电力设施故障。

A. 客户侧；　　B. 供电侧；　　C. 左侧；　　D. 右侧。

答案：A。

58. 抢修人员到达故障现场时限应符合城区范围不超过（　　）min。

A. 45；　　B. 90；　　C. 120；　　D. 180。

答案：A。

59. 故障报修工单流转的各个环节均可以对工单进行（　　）。

A. 退单；　　B. 挂起；　　C. 合并；　　D. 回访。

答案：C。

60. 同一（　　）引起的客户报修可以进行工单合并。

A. 区域；　　B. 故障点；　　C. 产权分界点；　　D. 线路。

答案：B。

61. 报修工单不允许申请（　　）。

A. 工单挂起；　　B. 工单合并；　　C. 工单回退；　　D. 工单申诉。

答案：A。

62. 停送电信息主要分为（　　）停送电信息和营销类停送电信息。

A. 调度类；　　B. 生产类；　　C. 计划类；　　D. 故障类。

答案：B。

63. 配网故障研判技术支持系统与相关应用系统的信息交互时，应采用（　　）原则，确保各应用系统对同一对象描述的一致性。

A. 统一交互；　　B. 正确性；　　C. 实时性；　　D. 稳定性。

答案：A。

二、多选题

1. 生产类紧急非抢修工单内容包括（　　）。

A. 供电企业供电设施消缺；

B. 协助停电；

C. 低压计量装置故障；

D. 存在安全隐患须紧急处理的电力设施故障诉求业务工单。

答案：ABC。

2. 符合下列情形（　　）的，为紧急故障报修。

A. 已经或可能引发人身伤亡的电力设施安全隐患或故障；

B. 已经或可能对高危及重要客户造成重大损失或影响安全、可靠供电的电力设施安全隐患或故障；

C. 已经或可能引发人员密集公共场所秩序混乱的电力设施安全隐患或故障；

D. 已经或可能引发严重环境污染的电力设施安全隐患或故障。

答案：ABCD。

3. 配调监控系统发现的故障信息是指整合了（　　）信息的配电自动化监控系统发现的设备告警信息。

A. 调度自动化；　　B. 配电自动化；　　C. 生产管理系统；　　D. 营销系统。

答案：AB。

4. 地调的配网抢修指挥业务主要职责包括（　　）。

A. 协调开展配网抢修指挥技术支持功能建设工作；

B. 负责审核抢修班组回填的工单；

C. 负责专业管理范围内生产类停送电信息编译工作，汇总报送生产类停送电信息；

D. 负责接收抢修类及生产类紧急非抢修工单、研判分析、通过系统合并、派发工单。

答案：BCD。

5. 故障研判技术原则包括（　　）。
A. 信息来源准确性校验原则；　　B. 信息来源自动过滤原则；
C. 信息交互的方式原则；　　D. 信息交互的一致性原则。
答案：ABCD。

6. 停电信息中的停电范围包括（　　）。
A. 停电的地理位置、涉及的高危及重要客户；
B. 停电的供电设施名称；
C. 乡镇（街道）、村（社区）；
D. 住宅小区。
答案：ACD。

7. 准确的故障研判可以帮助配网抢修指挥人员（　　）。
A. 更合理地调配抢修资源；　　B. 派发抢修任务；
C. 更快地排查故障；　　D. 加快抢修进度。
答案：AB。

8. 生产类停电信息中的停电类型有（　　）。
A. 计划停电；　　B. 临时停电；
C. 故障停电；　　D. 超电网供电能力停电。
答案：ABCD。

9. 地、县调控中心、运检部根据各自设备管辖范围编译的生产类停电信息应包括（　　）。
A. 停电类型；　　B. 停电区域（设备）；
C. 高危及重要客户；　　D. 停送电信息发布渠道。
答案：AB。

10. 各地（县）调控中心抢修类工单流转主要包括（　　）环节。
A. 工单接收；　　B. 工单整理；　　C. 故障研判；　　D. 派单指挥。
答案：ACD。

11. 客服代表受理客户故障报修诉求后，应详细询问故障情况，若能判断是客户内部故障，建议客户（　　）。
A. 联系产权单位；　　B. 联系物业；
C. 有资质的施工单位；　　D. 自行处理。
答案：ABC。

12. 配网抢修指挥人员及时审核抢修班组回填的抢修工单中（　　）等相关内容的完整性。

A. 到达现场时间；　B. 抢修进程；　C. 抢修处理结果；　D. 故障原因分析。

答案：ABCD。

13. 省、市、县公司退单回国网客服中心退单原因类型包括（　　）。

A. 行政区域跨省选择错误；　B. 供电单位跨省选择错误；

C. 联系方式错误；　D. 工单一级分类选择错误。

答案：ABCD。

14. 地、县公司应在抢修班组部署（　　），实现配网抢修指挥班与抢修班之间的工单在线流转，并保证信息安全要求。

A. 远程终端；　B. 手持终端；　C. 固定终端；　D. 4G 终端。

答案：AB。

15. （　　）等需采取停电措施的，应及时在营销业务应用系统内维护停电标志。

A. 欠费停复电；　B. 窃电；　C. 违约用电；　D. 有序用电。

答案：ABC。

16. 地、县公司运检部（检修（建设）工区）及时通报（　　）等变化情况。

A. 抢修驻点；　B. 抢修范围；　C. 联系人方式；　D. 远程终端。

答案：ABC。

17. （　　）属于营销类停送电信息。

A. 客户窃电；　B. 违约用电；

C. 欠费等原因的停电；　D. 有序用电。

答案：ABCD。

18. 地、县公司（　　）按照专业管理职责，开展生产类停送电信息编译工作，并对各自专业编译的停送电信息准确性负责。

A. 调控中心；　B. 运检部；　C. 检修工区；　D. 营销部。

答案：ABD。

19. 在各单位实现营配信息融合，建立准确的“（　　）”拓扑关系的情况下，客服代表可对因同一故障点影响的不同客户故障报修工单进行合并。

A. 站；　B. 线；　C. 变；　D. 户。

答案：ABCD。

20. 故障报修工单现场抢修记录应对故障处理过程进行简要描述，不应以（　　）等形式回复。

A. 已处理；

B. 已转部门处理；

C. 用户电能表故障；

D. 由××单位××班，××（人员姓名）赶赴现场进行故障抢修，经查××点××分由于××原因导致××干线、××线路、××号杆、××公用变压器停电（冒火、线路接地等），于××日××点××分抢修完毕，恢复供电。

答案：AB。

21. 高压故障包含（　　）。

A. 高压计量设备；　　B. 配变负荷开关；

C. 高压变电设备故障；　　D. 高压线路。

答案：ACD。

22. 故障报修业务未上收单位客服中心负责受理本省故障报修业务，并负责工单（　　）、抽查、回复和回访工作。

A. 派发；　　B. 跟踪；　　C. 处理；　　D. 督办。

答案：ABD。

23. 客服中心发送的工单内容中（　　）等信息错误、缺失或无客户有效信息，无法进行有效派单的，配网抢修指挥人员应将工单进行回退处理。

A. 派发区域；　　B. 业务类型；　　C. 客户联系方式；D. 故障现象。

答案：ABC。

24. 停电信息中现场送电类型包括（　　）。

A. 全部送电；　　B. 部分送电；　　C. 未送电；　　D. 延迟送电。

答案：ABC。

25. 地、县公司营销部在配合编译生产类停送电信息时的编译内容包括（　　）。

A. 供电单位；　　B. 高危及重要客户；

C. 停送电信息发布渠道；　　D. 停电区域。

答案：BC。

26. 国调中心负责公司配网抢修指挥工作的统计分析及（　　）管理工作。

A. 监督；　　B. 检查；　　C. 考核；　　D. 评价。

答案：ABCD。

27. 地市公司营销部负责专业管理范围内生产类停送电信息（　　）及通知高危、重要客户。

A. 监督、检查工作；　　B. 考核工作；

C. 编译；　　　　　　　　　　　　D. 报送工作。

答案：CD。

28. 因（　　）等不可抗力造成的电力设施故障，按照公司应急预案执行。

A. 地震；　　B. 洪灾；　　C. 台风；　　D. 火灾。

答案：ABC。

29. 地调负责对各县公司配网抢修指挥工作的（　　），组织开展业务统计分析。

A. 指导；　　B. 检查；　　C. 监督；　　D. 考核。

答案：ABD。

30. 国调中心是配网抢修指挥业务的归口管理部门，负责公司配网抢修指挥的（　　）制定。

A. 管理制度；　　　　　　　　B. 标准；

C. 流程；　　　　　　　　　　D. 技术支持功能应用规范。

答案：ABCD。

31. 国网客服中心受理客户故障报修诉求后，根据（　　）等，按照紧急、一般确定故障报修等级。

A. 停电时间长短；　　　　　　B. 客户报修故障的重要程度；

C. 故障危害程度；　　　　　　D. 停电影响范围。

答案：BCD。

32. 故障报修类型分为（　　）。

A. 高压故障；　　B. 客户内部故障；　　C. 电能质量故障；　　D. 低压故障。

答案：ABCD。

33. 故障抢修人员到达现场后应尽快（　　），消除事故根源，缩小故障停电范围，减少故障损失，防止事故扩大。

A. 查找故障点；　　　　　　　B. 汇报故障持续时间；

C. 估计送电时间；　　　　　　D. 查明停电原因。

答案：AD。

34. 地市公司运维检修部负责专业管理范围内生产类停送电信息（　　）工作。

A. 编译；　　B. 报送；　　C. 申请　　D. 审批。

答案：AB。

三、判断题

1. 配网故障研判技术支持系统与相关应用系统的信息交互时，可不采用统一编码，但应通过解析，确保各应用系统对同一对象描述的一致性。

答案：错误。

2. 故障报修业务是指国网客服中心或各省客服中心通过 95598 电话、网站等渠道受理的供电企业供电设施消缺、协助停电及低压计量装置故障诉求业务。

答案：错误。

3. 营销管理系统具备电力客户的用电信息及其二次设备的自动采集和监控，对电力营销实行全过程的控制、治理与优质服务。

答案：正确。

4. 故障停送电信息发布 10min 内派发的工单，可进行工单合并后回退至工单派发单位。

答案：错误。

5. 35kV 及以上电压等级故障，按照职责分工转相关单位处理，由抢修单位完成抢修工作并完成工单回复工作。

答案：错误。

6. 客服中心直派地、县调的工单分为故障报修工单和生产类紧急非抢修工单。

答案：正确。

7. 配网抢修指挥席位设置不需要考虑应急需求，保证业务量激增时工作开展需求。

答案：错误。

8. 地、县公司调控中心及时通报抢修驻点、抢修范围及联系人方式等变化情况。

答案：错误。

9. 国调中心负责公司配网抢修指挥管理制度、标准、流程及技术支持功能应用规范的制定。

答案：正确。

10. 配电变压器停电告警信息通过实时召测客户侧电能表的电压、电流、负荷值来校验配电变压器停电信息的准确性。

答案：错误。

11. 根据国家电网企管〔2014〕717 号《国家电网公司 95598 业务管理暂行办法》，故障报修按受理单位不同和故障报修工单流转流程的不同分为四种运行模式。

答案：错误。

12. 根据国家电网企管〔2014〕717 号《国家电网公司 95598 业务管理暂行办法》，按照模式一、二运行的单位，由省客服中心受理客户故障报修业务。

答案：错误。

13. 故障未修复（除客户产权外）的工单不得回单。

答案：正确。

14. 同一故障点引起的客户报修可以进行工单合并。

答案：正确。

15.《国家电网公司配网抢修故障研判技术原则及技术支持系统功能规范》规定，客户失电研判逻辑时，如电能表能够召测成功，但运行异常，则研判为低压故障。

答案：错误。

16. 与报修客户联系后客户表示未报修的工单应直接办结，不得退单。

答案：错误。

17. 停电信息中现场送电时间是指现场实际恢复送电时间。

答案：正确。

18. 停电信息发布渠道是指填写该信息所公布的公共媒体。

答案：正确。

19. 若延迟送电，应至少提前 20min 向国网客服中心报送延迟送电原因及变更后的预计送电时间。

答案：错误。

20. 低压故障的停送电信息，须通过营销业务应用系统（SG186）中“停送电信息管理”功能模块报送。

答案：错误。

21. 地、县公司营销部在配合编译生产类停送电信息时，编译内容应包含：高危及重要客户、停送电信息发布渠道等信息。

答案：正确。

22. 地市、县供电企业调控中心报送的临时停送电信息直接报送至国网客服中心。

答案：正确。

23. 各省客服中心应催促地市、县供电企业调控中心在收到国网客服中心催报工单后 30min 内按照要求报送停送电信息。

答案：错误。

24. 发布停电信息不需要注明停电原因。

答案：错误。

25. 公变及以上设备计划停电、临时停电、故障停限电、超电网供电能力停限电应报送停送电信息。

答案：正确。

26. 故障抢修期间，现场抢修人员应每隔 1h 向抢修调度反馈现场抢修进度信息。

答案：错误。

27. 各单位不可对工单超时、回退、回访不满意等影响指标数据的故障报修工单提出申诉。

答案：错误。

28. 故障停电处理完毕送电后，应在 15min 内填写送电时间。

答案：错误。

29. 故障停电类停电信息需要经过省客服中心审核。

答案：错误。

30. 故障停电信息不可以办理变更。

答案：错误。

31. 故障停电信息应在停电发生后 10min 内将停电信息录入省营销系统。

答案：错误。

32. 停电信息中停送电变更时间仅指变更后的停电计划开始时间。

答案：错误。

33. 国网客服中心根据受理的客户报修情况，经核实未发现相关停送电信息的，通知各省客服中心催促本省相关单位报送停送电信息。

答案：正确。

34. 国网客服中心接到报送的停送电信息工单后应尽快予以确认，审核合格后发布，不合格予以回退。

答案：正确。

35. 计划停电信息录入后，直接由国网客服中心审核，不需要省中心审核。

答案：错误。

36. 临时停送电信息分为临时性日前停电及其他故障停电。

答案：错误。

37. 特殊情况经配网抢修指挥班班长同意可以长时间离开工作岗位。

答案：错误。

38. 超电网供电能力需停电时，营配信息融合完成的单位，调控中心应在停电拉路后10min内向客服中心报送停电信息。

答案：错误。

39. 95598停送电信息是指因各类原因致使客户正常用电中断，需及时向国网客服中心报送的信息。

答案：正确。

40. 城市、农村和特殊边远山区是现场分类。

答案：错误。

41. 低压故障主要包括低压线路、进户装置、低压公共设备、低压计量设备故障等。

答案：错误。

42. 地、县调处理客服中心下发的抢修类工单，应在接收到工单后5min内完成工单的派发或回退。

答案：错误。

43. 地调负责及时向省公司有关部门报送紧急极有可能引发舆情事件的故障报修。

答案：错误。

44. 地市、县供电企业调控中心对现场故障抢修工作处理完毕后还需开展后续工作的工单应正常回单，并及时联系有关部门开展后续处理工作。

答案：正确。

45. 电能质量故障主要包括供电电压、频率存在偏差或波动、谐波等。

答案：正确。

46. 短时间内工单量突增，超出接派单人员或抢修人员的承载能力，各单位可对此类超时工单提出申诉，申诉时需提供证明材料。

答案：正确。

47. 对未及时报送停送电信息的单位，国网客服中心可形成工单发送至相关省客服中心进行催报，由省客服中心及有关地市、县供电企业核实后，及时报送。

答案：正确。

48. 工单内容中派发区域、业务类型、客户联系方式等信息错误，配网抢修指挥人员应将工单派发至抢修队。

答案：错误。

49. 故障报修类型分为高压故障、低压故障、电能质量故障三类。

答案：错误。

50. 故障原因非必填项，但应按照现场实际情况填写。

答案：错误。

51. 故障报修业务退单均应详细注明退单原因及整改要求，以便接单部门及时更正。

答案：正确。

52. 供电单位、供电区域或抢修职责范围派发错误的工单，允许合并。

答案：错误。

53. 国调中心负责现场配网故障抢修工作质量的监督、检查和考核管理，远程终端的总体部署。

答案：错误。

54. 计划检修停电应提前 30 天，完成停送电信息报送工作。

答案：错误。

55. 经确认，属同一客户反映的不同故障点的报修工单可以合并。

答案：错误。

56. 配电自动化系统覆盖的设备跳闸停电后，营配信息融合未完成的单位，各部门按照专业管理职责 15min 内编译停电信息报调控中心，调控中心应在收到各部门报送的停电信息后 10min 内汇总报国网客服中心。

答案：错误。

57. 抢修班组到达故障现场后，应在 15min 内向本单位调控中心反馈，将抵达现场时间录入系统。

答案：错误。

58. 抢修类工单派单及时率是指抢修类工单派发超时数占抢修类工单派发总数的比例。

答案：错误。

59. 抢修人员到达现场后，发现由于电力运行事故导致客户家用电器损坏的，抢修人员应做好相关证据的收集及存档工作，并及时转相关部门处理。

答案：正确。

60. 生产类紧急非抢修工单内容包括供电企业计划检修、协助停电及低压计量装置故障。

答案：错误。

61. 生产类停送电信息包括违约用电、临时停电、电网故障停限电和超电网供电能力停限电。

答案：错误。

62. 省公司电力调度控制中心负责协调开展配网抢修指挥技术支持功能建设工作。

答案：正确。

63. 停电类型按停电分类进行填写，主要包括计划停电、临时停电、电网故障停限电、超电网供电能力计划停限电、超电网供电能力临时停限电等类型。

答案：正确。

64. 停电区域（设备）按停电涉及的供电设施（设备）情况，即停电的供电设施名称、供电设施编号、变压器属性（公变/专变）等信息。

答案：正确。

65. 停电范围包括停电的地理位置、涉及的高危及重要客户、专变客户、医院、学校、乡镇（街道）、村（社区）、住宅小区等信息。

答案：正确。

66. 停电计划时间包括计划停电、临时停电、超电网供电能力停限电开始时间和结束时间，故障停电包括故障开始时间和故障修复时间。

答案：错误。

67. 停送电信息内容发生变化后 30min 内，地市、县供电企业营销部应向国网客服中心报送相关信息，并简述原因。

答案：错误。

68. 地市公司调控中心负责督导故障抢修物资、人员、车辆的管理工作。
答案：错误。

69. 停送电信息主要分为生产类停送电信息和营销类停送电信息。
答案：正确。

70. 供电设施计划检修停电，提前 10 天向社会公告。
答案：错误。

71. 客户内部故障指产权分界点电源侧的电力设施故障。
答案：错误。

72. 抢修人员到达故障现场时限应符合城区范围不超过 90min。
答案：错误。

73. 停送电信息报送管理应遵循全面完整、真实准确、规范及时、分级负责的原则。
答案：正确。

74. 营销部是配网抢修指挥业务的归口管理部门。
答案：错误。

75. 报修故障工单允许申请工单挂起。
答案：错误。

76. 一般故障报修是指低压居民用户的故障报修。
答案：错误。

77. 地调不负责审核抢修班组回填的工单。
答案：错误。

78. 配网抢修指挥工作管理办法适只用于地公司配网抢修指挥业务管理工作。
答案：错误。

79. 调控中心负责制定公司故障抢修管理制度和技术标准。
答案：错误。

80. 临时性停电应提前 24h，其他临时停电应提前 1h 完成停送电信息报送工作。
答案：正确。

81. 地调负责对各县公司配网抢修指挥工作的指导、检查和考核。

答案：正确。

82. 合并后的故障报修工单处理完毕后，需要逐一回访客户。

答案：错误。

83. 除咨询、故障报修工单外其他工单都可以合并。

答案：错误。

84. 一张工单对一个业务类型的申诉只允许提交 1 次 ，不同业务类型的申诉应一并发起申请。

答案：错误。

85. 地市、县供电企业调控中心、运检部根据各自设备管辖范围编译的生产类停送电信息应包含：供电单位、停电类型、停电区域（设备）、停电范围（高危及重要客户）、停送电信息状态、停电计划时间、停电原因、现场送电类型、停送电变更时间、现场送电时间等信息。

答案：正确。

第十章 “三集五大”之“大运行”体系建设

一、单选题

1. 根据“大运行”体系各层面职责分工，地调负责地域内（　　）变电设备集中监控。

A. 直流 500kV 及以上；　　B. 交流 110～220kV；

C. 110kV（含城郊区 35kV 及以下）；　　D. 35～220kV 和 330kV 终端站。

答案：D。

2. “大运行”体系建设的总体思路是适应国家电网公司发展实际，体现电力生产的基本特点和技术水平，以（　　）为主线。

A. 扁平化、专业化、标准化；　　B. 集约化、专业化、标准化；

C. 集约化、扁平化、专业化；　　D. 集约化、标准化、专业化。

答案：C。

3. 在“大运行”体系建设实施方案中，对地调的功能定位是（　　）。

A. 负责省级电网调控运行；　　B. 负责县级（城区）电网调控运行；

C. 依法对公司电网实施统一调度管理；　　D. 负责地区电网调控运行。

答案：D。

4. 省调的调度管辖是省域内（　　），直调所辖电厂。

A. 110kV 电网和终端 220kV 系统；　　B. 220kV 电网和终端 500(330)kV 系统；

C. 330kV 电网和枢纽 500（330）kV 系统；　　D. 750kV 电网和枢纽 750kV 系统。

答案：B。

5. 省调主要由（　　）提供系统运行、继电保护、调度自动化、设备状态在线监测与分析等技术服务。

A. 中国电科院；　　B. 国网电科院；　　C. 省经研院；　　D. 省电科院。

答案：D。

6.（　　）为各省电网调控运行提供通信业务支撑。

A. 省信通公司；　　B. 省电科院；

C. 国网信通公司；　　D. 地市信通公司。

答案：A。

7. “大运行”实施后，省调改组的业务有（　　）。

A. 调度控制业务；　　B. 系统运行业务；

C. 自动化业务；　　D. 综合技术业务。

答案：A。

8. 根据输变电设备状态在线监测与分析工作界面，检修公司负责（　　）。

A. 在线监测现场装置运维；

B. 提供相应技术支撑，开展设备状态定期监视和异常设备诊断分析；

C. 主站系统的运维；

D. 设备状态归口管理。

答案：A。

9. 电网调控流程在传统调度运行值班业务基础上，增加（　　）功能。

A. 在线安全分析预警；　　B. 设备运行集中监控；

C. 实时计划优化调整；　　D. 新能源实时预测控制。

答案：B。

10. 调度计划流程重点保障（　　）的统筹安排。

A. 调度运行计划；　B. 电网运行方式；　C. 调度控制；　D. 电网运行结构。

答案：A。

11. 安全内控流程重点是指（　　）。

A. 开展过渡期系统校核计算；

B. 实现从规划电网到运行电网的全发展周期安全校核；

C. 提高各级调度计划精益化水平及安全风险预控能力；

D. 健全调度控制中心安全内控机制。

答案：D。

12. 国家电网公司“大运行”体系建设的配套措施中，需建立与“大运行” 体系相适应的组织架构和人员配置标准，制定（　　）以上调度的机构设置和定员标准，调整供电企业劳动定员标准，合理配置人力资源。

A. 省级；　B. 地市级；　C. 县级；　D. 区域级。

答案：A。

13. “大运行”体系建设的总体思路是适应国家电网发展实际，体现电力生产的基本特点和技术水平，以（　　）为目标。

A. 提升电网运行绩效；　　B. 减员增效；

C. 电网安全稳定运行；　　D. 整合电网运行资源。

答案：A。

14. 安全内控流程的制定，实施全方位绩效评估和反馈，实现（　　），全面提升调控运行安全绩效。

A. 全方位安全管控；　　B. 各级调控中心的衔接；
C. 安全闭环控制；　　D. 高绩效的安全管控。

答案：C。

15. 坚持（　　）的原则，在统一标准、统一设计的基础上，适应“大运行”体系需要，制定、修订相关调控规程、安全规定等管理标准和技术标准，相应编制调控岗位规范等工作标准。

A. 先破后立；　　B. 安全第一；　　C. 不立不破；　　D. 统筹安排。

答案：C。

16. “大运行”体系实施后，国（分）调新增（　　）业务功能。

A. 调度运行、运行方式；
B. 设备运行集中监控、状态在线监测与分析；
C. 调度计划、新能源调度运行；
D. 以上都不对。

答案：B。

17. “大运行”体系建设应坚持（　　）原则。

A. 分步实施、有序推进；　　B. 统一规划、分步实施；
C. 安全第一、统筹协调；　　D. 不破不立，安全第一。

答案：C。

18. 设备监控流程重点是（　　）。

A. 保障调度运行计划的统筹安排；
B. 保障电网调控与变电运维的业务协同，明确设备集中监控工作界面和业务流程；
C. 提高电网实时运行的控制能力；
D. 保障调度运行计划的统筹安排。

答案：B。

19. 电网调控流程重点是（　　）。

A. 保障调度运行计划的统筹安排；
B. 保障电网调控与变电运维的业务协同，明确设备集中监控工作界面和业务流程；
C. 提高电网实时运行的控制能力；
D. 保障电网运行方式的统一管理。

答案：C。

20. 运行方式流程中应重点保障电网运行方式的（　　）。

A. 集中计算；　B. 集中决策；　C. 统一制定；　D. 统一管理。

答案：D。

21. 按不同（　　）的变电站划分，将变电设备运行集中监控、输变电设备状态在线监测与分析业务纳入相应调控机构统一管理，实现各级调度的调控一体化运作。

A. 容量；　B. 电压等级；　C. 类型；　D. 以上都不对。

答案：B。

22. 根据输变电设备状态在线监测与分析工作界面，调控中心负责（　　）。

A. 在线监测现场装置运维；

B. 提供相应技术支撑，开展设备状态定期监视和异常设备诊断分析；

C. 主站系统的运维；

D. 在线监测信息的集中实时监视与分析，及时处理告警信息。

答案：D。

23. 根据输变电设备状态在线监测与分析工作界面，运维检修部门负责（　　）。

A. 在线监测现场装置运维；

B. 提供相应技术支撑，开展设备状态定期监视和异常设备诊断分析；

C. 设备状态归口管理，负责监测系统的建设和运维管理；

D. 设备状态归口管理。

答案：C。

24. “大运行”体系实施后，国（分）调负责（　　）。

A. 110kV 及以上主网运行的组织、指挥、指导和协调；

B. 220kV 及以上主网运行的组织、指挥、指导和协调，直调有关电厂；

C. 500（330）kV 及以上主网运行的组织、指挥、指导和协调，直调有关电厂；

D. 750kV 及以上主网运行的组织、指挥、指导和协调。

答案：C。

25. “大运行”体系下，实施国调、分调运行业务一体化运作，省调（　　）。

A. 标准化建设、同质化管理；　B. 标准化建设；

C. 同质化管理；　D. 都不对。

答案：A。

26. 根据“大运行”体系各级调度功能定位，省调调度管辖省域内（　　）。

A. 550（330）kV 及以上电网，直调所辖电厂；

B. 220kV 电网和终端 500（330）kV 系统，直调所辖电厂；

C. 220kV 电网和 330kV 枢纽变电站，直调所辖电厂；

D. 220kV 电网和终端 500kV 系统，直调所辖电厂。

答案：B。

27. 国家电网公司成立于（　　）。
A. 2001 年 12 月 29 日；　　B. 2002 年 10 月 29 日；
C. 2002 年 12 月 29 日；　　D. 2003 年 12 月 29 日。
答案：C。

28. 国家电网公司的核心业务是（　　）。
A. 建设运营电网；　B. 优质服务；　C. 建设电网；　D. 品牌建设。
答案：A。

29.（　　）是企业立业、员工立身的道德基石。
A. 责任；　B. 诚信；　C. 创新；　D. 奉献。
答案：B。

30.（　　）是国家电网公司全体员工应共同遵守的基本行为准则。
A. 《国家电网公司员工守则》；　B. 《供电服务“十项承诺”》；
C. 《员工服务“十个不准”》；　D. 《三公调度十项措施》。
答案：A。

31. 国家电网公司的企业精神是（　　）。
A. 追求卓越，服务真诚；　B. 努力超越，追求卓越；
C. 服务真诚，追求卓越；　D. 追求卓越，努力超越。
答案：B。

32.（　　）是国家电网公司坚持开放透明、依法经营，正确处理与合作伙伴关系的基本准则。
A. 《国家电网公司员工服务“十个不准”》；
B. 《国家电网公司调度交易服务“十项措施”》；
C. 《供电服务“十项承诺”》；
D. 《国家电网公司员工守则》。
答案：B。

33. 国家电网公司标识以（　　）设计展示国家电网公司美好的发展前景，反映公司树立全球视野，建设世界一流电网、国际一流企业的坚定信心。
A. 圆形图案；　B. 球形；　C. 经纬线；　D. 绿色。
答案：B。

34. “奉献清洁能源、建设和谐社会”是国家电网公司的企业使命，其具体内涵是

（　　）。

A. 电网不仅是连接电源和用户的电力输送载体，更是具有网络市场功能的能源资源优化配置载体；

B. 国家电网公司是国家能源战略布局的重要组成部分和能源产业链的重要环节，在中国能源的优化配置中扮演着重要角色；

C. 充分发挥电网功能，保障更安全、更经济、更清洁、可持续的电力供应，促使发展更加健康、社会更加和谐、生活更加美好，是国家电网公司的神圣使命；

D. 以上皆是。

答案：D。

35. “四个服务”的宗旨体现了国家电网公司（　　）、经济责任和社会责任的统一，是公司一切工作的出发点和落脚点。

A. 政治责任；　B. 企业责任；　C. 服务责任；　D. 奉献责任。

答案：A。

36. 国家电网公司坚持“以人为本”，就是要以实现（　　）为目标，做到尊重人、关心人、依靠人和为了人。

A. 素质全面提升；　B. 技术全面提升；

C. 人的全面发展；　D. 人才培养。

答案：C。

37. 实现国家电网公司战略目标的途径是（　　）。

A. 坚持严格管理；　B. 创新体制机制；

C. 转变电网发展方式、转变公司发展方式；　D. 强化经营管理。

答案：C。

38. 国家电网公司“两个一流”的企业愿景指的是（　　）。

A. 建设世界一流电网，建设国际一流企业；

B. 建设国际一流电网，建设世界一流企业；

C. 建设国际一流企业，建设国际一流电网；

D. 建设世界一流企业，建设世界一流电网。

答案：A。

39. “转变电网发展方式”是指建设以（　　）为骨干网架，各级电网协调发展，具有信息化、自动化、互动化特征的坚强智能电网。

A. “三纵三横”；　B. 特高压电网；　C. 超高压电网；　D. 智能电网。

答案：B。

40. 国家电网公司科学发展的战略保障是：党的建设、企业文化建设和（　　）。

A. 党风廉政建设； B. 员工素质建设； C. 队伍建设； D. 精神文明建设。
答案：C。

41. 国家电网公司企业文化“五统一”要求是指（ ）。
A. 统一价值理念、统一发展战略、统一企业标准、统一行为规范、统一公司品牌；
B. 统一价值理念、统一发展目标、统一管理标准、统一行为规范、统一公司品牌；
C. 统一核心价值观、统一发展目标、统一管理标准、统一行为规范、统一品牌战略；
D. 统一核心价值观、统一发展战略、统一企业标准、统一行为准则、统一公司品牌。
答案：A。

42. 高压直流线路绝缘子的静电吸尘效应是指（ ）。
A. 绝缘子不受电场力的影响；
B. 绝缘子的导电性；
C. 自动重合功能；
D. 带电微粒受到恒定方向电场力的作用而被吸附到绝缘子表面的现象。
答案：D。

43. 我国发展特高压电网的主要目标是（ ）。
A. 大容量、远距离从发电中心向负荷中心输送电能；
B. 形成超高压电网间的强互联，提高各电网的可靠性和稳定性；
C. 减少超高压输电的网损，提高经济性；
D. 以上皆是。
答案：D。

44. 我国交流特高压设备最高电压为（ ）。
A. 1100kV； B. 1000kV； C. 800kV； D. 765kV。
答案：A。

45. 坚强智能电网的发展理念中，（ ）是基础。
A. 泛在智能； B. 通信技术； C. 网架坚强； D. 高度集成。
答案：C。

46. 向家坝—上海特高压直流输电示范工程 2010 年 7 月 8 日投入运行，其电压等级为（ ）。
A. ±1000kV； B. ±800kV； C. ±600kV； D. ±500kV。
答案：B。

47. 特高压直流输电的特点有（ ）。
A. 点对点； B. 超远距离； C. 大容量输送能力； D. 以上皆是。

答案：D。

48. 就我国而言，交流特高压电网是指（　　）。
A. 10kV 和 35kV 的电网；
B. 110kV 和 220kV 的电网；
C. 330、500kV 和 750kV 的电网；
D. 1000kV 及以上的电网。
答案：D。

49. 就我国而言，特高压直流是指（　　）。
A. ±500kV 及以下直流系统；
B. ±500kV 以上、±800kV 及以下直流系统；
C. ±800kV 以上直流系统；
D. ±800kV 及以上直流系统。
答案：D。

二、多选题

1. “大运行”体系建设推进（　　）调控业务一体化运作。
A. 国调与分调；
B. 国调与地（市）调；
C. 国调与县调；
D. 地（市）调与县调。
答案：AD。

2. “大运行”体系建设逐步形成（　　）三级调控管理体系。
A. 国（分）调；　B. 网调；　C. 省调；　D. 地（县）调。
答案：ACD。

3. 通过“大运行”体系建设，要全面构建（　　）的电网“大运行”体系。
A. 集中统一；　B. 责权明晰；　C. 工作协同；　D. 规范高效。
答案：ABCD。

4. “大运行”体系实施后地调新增业务有（　　）。
A. 集中监控；
B. 配网调控；
C. 配网故障研判、抢修指挥；
D. 继电保护。
答案：ABC。

5. 全面建设“大运行”体系建设的重点工作中，强化技术支撑体系建设，包含的内容有（　　）。
A. 深化省级以上智能电网调度控制系统应用；
B. 加快地县调度自动化系统建设；
C. 完善集中监控应用功能；
D. 健全调控专业技术支撑服务体系。

答案：ABCD。

6. “大运行”体系建设组织架构调整后，地调将设置调度控制、（　　）等业务。
A. 方式计划； B. 继电保护； C. 综合管理； D. 自动化。
答案：ABCD。

7. “大运行”体系建设的主要任务是（　　）。
A. 实施各级调控一体化；
B. 实施生产运行模式变革；
C. 实施调度功能结构调整；
D. 仅实施国调、分调运行业务一体化运作。
答案：AC。

8. “大运行”体系实施后，调度控制中心将要开展的业务有（　　）。
A. 电网调度； B. 变电设备运行集中监控；
C. 输变电设备状态在线监测与分析； D. 变电检修。
答案：ABC。

9. “三集五大”体系建设的基本原则是（　　）。
A. 总体设计； B. 效率优先； C. 安全稳定； D. 与时俱进。
答案：ABCD。

10. 国（分）调承担（　　）等各专业管理职责，协调各局部电网的调度关系。
A. 国家电网调度运行； B. 变电设备运行集中监控；
C. 系统运行、调度计划、继电保护； D. 自动化、水电及新能源。
答案：ABCD。

11. （　　）为国（分）调各项业务提供技术支撑。
A. 国网信通公司； B. 中国电科院； C. 国网经研院； D. 国网能源院。
答案：ABCD。

12. “大运行”体系实施后，运维检修单位负责（　　）。
A. 一、二次设备巡检、运维等业务； B. 变电设备现场操作；
C. 告知信息的分析处理和报告； D. 提供相应技术支撑。
答案：ABC。

13. 电网调控流程在传统调度运行值班业务基础上，增加和拓展（　　）等功能。
A. 变电设备运行集中监控功能； B. 在线安全分析预警；
C. 实时计划优化调整； D. 新能源实时预测控制。

答案：ABCD。

14. “大运行”体系实施后，地调的主要业务有：方式计划业务、(　　)、技术综合业务。
A. 通信业务；　　B. 继电保护业务；　　C. 调度控制业务；　　D. 自动化业务。
答案：BCD。

15. “大运行”体系实施后，省调新增业务有（　　）。
A. 水电及新能源业务；　　B. 设备运行集中监控业务；
C. 设备状态在线监测与分析业务；　　D. 通信管理业务。
答案：BC。

16. 利用电网调控流程，全面掌控电网运行状态，实现调度运行（　　）转变。
A. 从简单型向复杂型；　　B. 从单一运行功能到多功能；
C. 从事后被动型向事前主动型；　　D. 调度运行从经验型向分析型。
答案：BCD。

17. 省级以上电网运行方式实行（　　），实现主网运行方式的统筹。
A. 统一标准；　　B. 集中计算；　　C. 集中决策；　　D. 统一制定。
答案：ABCD。

18. 影响电网运行的设备紧急告警信息的监视，主要包括（　　）。
A. 事故信息；　　B. 越限信息；　　C. 变位信息；　　D. 异常信息。
答案：ABCD。

19. 省调功能调整后，应强化（　　）等业务功能，扩充相应的管理职能。
A. 调度运行；　　B. 运行方式；　　C. 调度计划；　　D. 安全内控。
答案：ABCD。

20. “大运行”体系建设关系公司生产运行基础工作，应坚持(　　)的原则，统一规划、分步实施、有序推进。
A. 安全第一；　　B. 不破不立；　　C. 统筹协调；　　D. 先破后立。
答案：AC。

21. 根据变电设备集中监控工作界面，“大运行”体系实施后调控中心负责（　　）。
A. 变电设备运行集中监控；
B. 不需要工作人员到现场的设备远方操作和状态调整；
C. 影响电网运行的设备紧急告警信息的监视；
D. 主站系统的运维。
答案：ABC。

22. 国家电网公司宗旨是（ ）。

A. 服务党和国家工作大局；
B. 服务电力客户；
C. 服务发电企业；
D. 服务经济社会发展。

答案：ABCD。

23. 国家电网公司“两越”精神是公司和员工勇于（ ），追求企业价值实现的精神境界。

A. 超越过去； B. 超越自我； C. 超越他人； D. 永不停步。

答案：ABCD。

24. 国家电网公司基本价值理念中，“忠诚企业”的含义是（ ）。

A. 热爱企业；
B. 关心企业；
C. 为企业尽心尽力；
D. 忠实维护企业利益和形象。

答案：ABCD。

25. 国家电网公司科学发展的战略目标中，“服务优质”的基本内涵是（ ）。

A. 保障安全、经济、清洁、可持续的电力供应；
B. 服务规范、高效；
C. 品牌形象好，利益相关方综合满意度高；
D. 服务水平在社会公共服务行业中处于领先地位。

答案：ABCD。

26. 国家电网公司科学发展的战略目标中，“业绩优秀”的基本内涵是（ ）。

A. 安全、质量、效益指标在国内外同业中领先；
B. 经济、社会和环境综合价值高；
C. 企业健康发展；
D. 社会贡献大。

答案：ABCD。

27. 国家电网公司科学发展的工作方针是（ ）。

A. 集团化运作； B. 集约化发展； C. 精益化管理； D. 标准化建设。

答案：ABCD。

28. “国家电网”品牌建设“三个统一”的原则是指（ ）。

A. 统一品牌战略； B. 统一品牌传播； C. 统一品牌管理； D. 统一品牌引领。

答案：ABC。

29. 国家电网公司通过建立完善（ ）的社会主义新型劳动关系，为员工发展提供机遇和舞台，充分调动员工的积极性、主动性和创造性，赢得员工对企业的忠诚。

A. 规范有序； B. 公正合理； C. 互利共赢； D. 和谐稳定。

答案：ABCD。

30. 资产优良是指（　　）。
A. 资产结构合理、布局优化、质量好；　　B. 盈利和偿债能力强；
C. 无形资产价值高；　　D. 内部资源配置效率高。
答案：ABCD。

31. 特高压输电具有（　　）、经济性好等优势。
A. 容量大；　　B. 距离远；　　C. 能耗低；　　D. 占地省。
答案：ABCD。

32. 特高压输电的社会、经济效益有（　　）。
A. 提高电网安全性和可靠性；
B. 减少走廊回路数，节约大量土地资源；
C. 实现大规模跨区互联，获得显著的经济效益；
D. 减轻铁路煤炭运输压力。
答案：ABCD。

33. 特高压直流输电的主要技术优势有（　　）。
A. 输送容量大；　　B. 送电距离长；　　C. 线路损耗低；　　D. 运行方式灵活。
答案：ABCD。

34. 特高压输变电设备的造价基本由（　　）的绝缘水平决定。
A. 工频过电压；　　B. 谐振过电压；　　C. 操作过电压；　　D. 雷电过电压。
答案：CD。

35. 发展特高压输电的主要目标是（　　）。
A. 带动中西部欠发达地区经济发展，使其达到东部沿海地区水平；
B. 大容量、远距离从发电中心向负荷中心输送电能；
C. 形成坚强的互联电网，有效利用各种发电资源，提高电网的可靠性和稳定性；
D. 减少超高压输电的距离和网损，使电网经济、可靠运行。
答案：BCD。

三、判断题

1. “三集五大”中的“五大”是指大规划、大建设、大调度、大检修、大营销。
答案：错误。

2. 地（县）调承担地域内 35～220kV 和 500（330）kV 终端站变电设备运行集中监控、输变电设备状态在线监测与分析业务。

答案：错误。

3. 省调承担地域内所有变电站变电设备运行集中监控业务。

答案：错误。

4. 在统一标准、统一设计的基础上，适应“大运行”体系需要，制定、修订相关调控规程、安全规定等管理标准和技术标准，相应编制调控岗位规范等工作标准。

答案：正确。

5. 设备监控流程要明确变电设备集中监控工作界面和业务流程。

答案：正确。

6. 运维检修部门负责在线监测现场装置运维。

答案：错误。

7. 电科院提供相应技术支撑，开展设备状态定期监视和异常设备诊断分析，负责主站系统的运维。

答案：正确。

8. 运行方式流程实现从规划电网到运行电网的全发展周期安全校核。

答案：正确。

9. 调控中心负责在线监测信息的集中实时监视与分析，及时处理告警信息。

答案：正确。

10. 县调根据所辖电网调控的需要，设置相应运行调控班组和技术管理岗位。

答案：正确。

11. “三集五大”建设的思路是做强公司总部、做实省公司、做优地（市）公司，全面提高公司管理效率、经济效益和服务水平。

答案：错误。

12. 电网调控流程要拓展在线安全分析预警、实时计划优化调整和新能源实时预测控制等功能，全面掌控电网运行状态。

答案：正确。

13. “三集五大”体系实施后，形成了集中统一、权责明晰、工作协同、规范高效的“大运行”体系，提高了驾驭大电网的调控能力和大范围优化配置资源的能力。

答案：正确。

14. “大运行”体系实施后，调控中心仅负责调度业务。

答案：错误。

15. “大运行”体系建设是实现调控一体化，优化各级调度功能定位，提高驾驭大电网的调控能力和大范围优化配置资源的能力。

答案：正确。

16. 根据国（分）调组织架构，综合技术业务是原有业务。

答案：正确。

17. 国网信通公司为所有电网调控运行提供通信业务支撑。

答案：错误。

18. 根据省调组织架构，自动化业务是原有业务。

答案：正确。

19. 安全内控流程包括拓展在线安全分析预警、实时计划优化调整和新能源实时预测控制等功能。

答案：错误。

20. 国家电网公司“以人为本、忠诚企业、奉献社会”的企业理念是公司处理与员工、电力客户、合作伙伴及社会之间关系的基本信条和行为准则。

答案：正确。

21. 国家电网公司是关系国民经济命脉和国家能源安全的特大型国有重点骨干企业，承担着保障更安全、更经济、更清洁、可持续的电力供应的基本使命。

答案：正确。

22. 国家电网公司作为电力行业中落实国家能源政策、联系发电企业和客户、发挥桥梁作用的经营性企业，承担着开放透明、依法经营的责任。

答案：正确。

23. 国家电网公司坚持服务至上，以重要电力客户为中心，不断深化优质服务，持续为客户创造价值。

答案：错误。

24. 国家电网公司遵循电力工业发展规律，科学规划建设电网，严格执行“公开、公平、公正”调度，与合作伙伴共同创造广阔发展空间。

答案：正确。

25. 国家电网公司坚持局部利益服从全局利益，把维护党和国家的利益作为检验工作成效和企业业绩的根本标准。

答案： 正确。

26. “集团化运作”的核心是在公司党组的坚强领导下，充分发挥公司总部“四个中心”的作用，推进机构扁平化，其中“四个中心”指的是战略决策中心、资源配置中心、管理调控中心和电网调度中心。

答案： 正确。

27. 国家电网公司“统一企业标准”中技术标准是指对企业标准化领域中需要协调统一的管理事项所制定的标准。

答案： 错误。

28. 国家电网公司的服务宗旨是“四个服务”。

答案： 错误。

29.《国家电网公司员工服务“十个不准”》是公司对员工服务行为规定的底线、不能逾越的“红线”。

答案： 正确。

30. 发展特高压电网，能够充分发挥大电网的网络市场功能，促进综合能源基地集约化开发，提高输电在能源输送中的比重。

答案： 正确。

31. 特高压电网是指交流 1000kV、直流±800kV 及以上电压等级的输电网络。

答案： 正确。

32. 加快建设特高压电网，将极大促进清洁能源的开发与利用，实现电源结构的优化调整。

答案： 正确。

33. 我国发展特高压电网的主要目标之一是减少超高压输电的网损，提高经济性。

答案： 正确。

34. 信息化、自动化、互动化是智能电网的基本特征。

答案： 正确。

35. 与输煤相比，采用特高压输电能促进我国环保空间优化利用和生态环境保护。

答案： 正确。

36. 特高压直流输电具备点对点、超远距离、超大容量送电能力，主要定位于我国西南大水电基地和西北大煤电基地的超远距离、超大容量外送。

答案：正确。

第十一章　全球能源互联网

一、单选题

1. 全球能源互联网是以（　　）为骨干网架（通道），以输送清洁能源为主导，全球互联泛在的坚强智能电网。

A. 特高压电网；　B. 中压配电网；　C. 高压电网；　D. 超高压电网。

答案：A。

2. 全球能源互联网将连接（　　）和各洲大型能源基地。

A. “七洲四洋”；　B. “一极一道”；　C. “两极一道”；　D. “两极”。

答案：B。

3. 全球能源互联网发展分以下哪几个阶段？（　　）

A. 国内互联、洲内互联、跨洲互联；　B. 洲内互联、跨洲互联、全球互联；

C. 国内互联、洲内互联、全球互联；　D. 国内互联、跨洲互联、全球互联。

答案：B。

4. 近20年，世界能源消费结构总体形成煤炭、石油、（　　）三分天下，清洁能源快速发展的新格局。

A. 核能；　B. 太阳能；　C. 天然气；　D. 风能。

答案：C。

5. 以下不属于清洁能源的是（　　）。

A. 水能；　B. 风能；　C. 海洋能；　D. 天然气。

答案：D。

6. 以下不属于化石能源的是（　　）。

A. 煤炭；　B. 石油；　C. 天然气；　D. 海洋能。

答案：D。

7. 当前（　　）地区一次能源消费总量最大、增速最快。

A. 亚太；　B. 北美；　C. 非洲；　D. 欧洲及欧亚大陆。

答案：A。

8. 按目前世界平均可采强度，石油可开采（　　）年左右。

A. 30； B. 50； C. 100； D. 150。

答案：B。

9.（　　）是目前技术最成熟、经济性最高、已开发规模最大的清洁能源。

A. 水能； B. 太阳能； C. 海洋能； D. 风能。

答案：A。

10. 目前总体呈现出化石能源开采成本逐步（　　），清洁能源开采成本逐步（　　）的趋势。

A. 上升，上升； B. 上升，下降； C. 下降，上升； D. 下降，下降。

答案：B。

11. 全球化石能源生产与消费具有明显的（　　）特征。

A. 随机分布； B. 平均分布； C. 正向分布； D. 逆向分布。

答案：D。

12. 以（　　）为平台的能源输送趋势，是实现“两个替代”的重要基础。

A. 公路； B. 铁路； C. 电网； D. 发电厂。

答案：C。

13. 将能源基地的能源输送到负荷中心，以下哪种方式是最经济的能源配置方式？（　　）

A. 使用铁路运输； B. 使用公路运输；

C. 将能源转化为电能利用电网传输； D. 使用水运运输。

答案：C。

14. 全球能源互联网是以（　　）理念构建的能源、市场、信息和服务高度融合的新型能源体系架构。

A. 互联网； B. 智能电网； C. 网络拓扑； D. 定向传输。

答案：A。

15. “两个替代”是这一发展过程的必然趋势，“两个替代”是指（　　）。

A. 清洁替代，能源替代； B. 清洁替代，电能替代；

C. 太阳能替代，能源替代； D. 风能替代，能源替代。

答案：B。

16. 影响能源供需的五大主要因素：经济社会发展、能源资源禀赋、能源环境约束、能源技术进步、（　　）。

A. 人口老龄化； B. 人口增长率； C. 全球气候因素； D. 能源政策调控。

答案：D。

17. 综合考虑能源需求及环境约束等因素，应采用（ ）的能源系统分析模型，分析全球能源电力需求。

A. 一次能源需求—能源加工转换—终端能源需求；

B. 终端能源需求—能源加工转换——次能源需求；

C. 一次能源需求—终端能源需求—能源加工转换；

D. 能源加工转换——次能源需求—终端能源需求。

答案：B。

18. 在终端能源消费环节，扣除能量损失后实际发挥作用的能量称作（ ）。

A. 有效能； B. 实际能； C. 真实能； D. 有用能。

答案：A。

19. （ ）是人均能源消费最高、能源消费最密集的地区。

A. 亚洲； B. 南美洲； C. 非洲； D. 欧美。

答案：D。

20. 随着能源需求增长及电气化水平提高，全球电力需求保持较快增长，电力需求增速（ ）能源需求增速。

A. 等于； B. 低于； C. 高于； D. 不确定。

答案：C。

21. 随着经济布局调整，世界电力需求格局将发生重大发化。欧美发达经济体占全球电力需求总量的比重将（ ），亚洲、非洲、南美洲电力需求所占比重将（ ）。

A. 大幅下降，大幅提升； B. 大幅提升，大幅下降；

C. 基本不变，大幅提升； D. 大幅下降，基本不变。

答案：A。

22. 预计到 2050 年，全球清洁能源发电量将达到 66 万亿 kWh，占总电量的（ ）。

A. 30%； B. 50%； C. 70%； D. 90%。

答案：D。

23. 预计到 2050 年，化石能源发电量占全球总电量的 10%左右，主要为（ ）发电。

A. 天然气、石油； B. 煤炭、石油； C. 天然气、煤炭； D. 石油。

答案：C。

24. 预计到 2050 年，全球分布式发电量最高的是（ ）。

A. 亚洲； B. 非洲； C. 欧洲； D. 大洋洲。

答案：A。

25. 中国水电资源技术可开发量约 5.7 亿 kW，主要集中在（　　）。
A. 西南地区；　B. 中部地区；　C. 东北地区；　D. 东南地区。
答案：A。

26. 青藏高原、甘肃北部、宁夏北部、新疆南部等戈壁和荒漠地区的太阳能资源最为丰富，开发潜力超过 85 万亿 kWh/a，约占全国的（　　）。
A. 25%；　B. 50%；　C. 75%；　D. 90%。
答案：C。

27. 石油和煤炭产量在（　　）年前后达到峰值。
A. 2020；　B. 2030；　C. 2040；　D. 2050。
答案：A。

28. 天然气产量在（　　）年前后达到峰值。
A. 2020；　B. 2030；　C. 2040；　D. 2050。
答案：B。

29. 亚洲电力需求保持较快增长，电力供应缺口不断加大，是电力（　　）地区。
A. 受入型；　B. 自我平衡型；　C. 输出型；　D. 以上都不对。
答案：A。

30. 世界电网呈现出电压等级由低到高、联网规模（　　）、自动化水平由弱到强的发展规律。
A. 从小到大；　B. 从大到小；
C. 保持不变；　D. 从小到大再到小。
答案：A。

31. （　　）是世界上特高压输电技术最成熟的国家。
A. 美国；　B. 日本；　C. 俄罗斯；　D. 中国。
答案：D。

32. （　　）将是电网跨海互联和连接海上可再生能源发电的主要方式。
A. 交流海底电缆；　B. 直流海底电缆；
C. 交流海上输电；　D. 直流海上输电。
答案：B。

33. 超导输电线路的传输容量可以达到同电压等级直流输电容量的（　　）倍。
A. 2；　B. 4；　C. 6；　D. 10。
答案：D。

34. 直流电网是以（　　）技术为基础，由直流线路互联组成能量传输系统。
A. 整流器；　B. 逆变器；　C. 柔性直流输电；　D. 传统直流输电。
答案：C。

35. 中国首条柔性直流输电示范工程上海南汇是（　　）投运的。
A. 1999 年；　B. 2008 年；　C. 2011 年；　D. 2013 年。
答案：C。

36. 世界上第一个风电接入柔性直流输电工程——瑞典哥特兰工程是（　　）投运的。
A. 1999 年；　B. 2008 年；　C. 2011 年；　D. 2013 年。
答案：A。

37. 抽水蓄能属于（　　）。
A. 物理储能；　B. 电化学储能；　C. 电磁储能；　D. 以上都不是。
答案：A。

38. 超级电容器储能属于（　　）。
A. 物理储能；　B. 电化学储能；　C. 电磁储能；　D. 以上都不是。
答案：C。

39. 氢储能属于（　　）。
A. 物理储能；　B. 电化学储能；　C. 电磁储能；　D. 以上都不是。
答案：B。

二、多选题

1. 电能作为（　　）的二次能源，能够替代绝大多数能源需求，是未来最重要的终端能源。
A. 优质；　B. 清洁；　C. 高污染；　D. 高效。
答案：ABD。

2. 全球能源互联网的重要特征有（　　）。
A. 网架坚强；　B. 广泛互联；　C. 高度智能；　D. 开放互动。
答案：ABCD。

3. 下列选项中是清洁能源的有（　　）。
A. 水能；　B. 风能；　C. 核能；　D. 太阳能。
答案：ABCD。

4. “一极一道”能源开发，“一极一道”指的是（　　）。
A. 南极；　B. 北极；　C. 赤道；　D. 北海道。

答案：BC。

5. 下列关于清洁替代的必然性说法正确的有（　　）。

A. 全球清洁能源资源丰富，实施清洁替代能够从源头上有效化解化石能源紧缺矛盾，保障日益增长的能源需求；

B. 清洁能源已成为增长最快的能源品种，将逐步成为世界主导能源；

C. 实施清洁替代可减少碳排放，缓解化石能源开发利用引发的全球气候变化，实现人类社会可持续发展；

D. 实施清洁替代可以解决化石能源开发利用导致的环境污染问题。

答案：ABCD。

6. 当前，能源的开发、配置和利用所面临的挑战有（　　）。

A. 资源开发利用率低，能源转化效率低；

B. 化石能源配置环节多，配置效率不高；

C. 能源利用效率低；

D. 电能占终端能源消费比重低。

答案：ABCD。

7. 实施清洁替代的关键技术有（　　）。

A. 清洁能源高效转换技术；

B. 清洁能源大范围配置技术；

C. 清洁能源并网消纳技术；

D. 极端条件下风电和太阳能发电技术。

答案：ABCD。

8. 下列说法中关于电能替代，正确的有（　　）。

A. 电能将成为最主要的终端能源品种，实现更加清洁、便捷、安全的能源利用；

B. 电能是清洁、高效、便捷的二次能源，终端利用效率高，使用过程清洁、零排放；

C. 实施电能替代是清洁能源发展的必然要求，是实施清洁替代的必然结果；

D. 实施电能替代是提升电气化水平的重要内容。

答案：ABCD。

9. “两个替代”是能源发展方式的重大转变，在（　　）方面，都将带来巨大变革，成为推动世界能源可持续发展的重要驱动力。

A. 能源消费；　B. 能源供给；　C. 能源技术；　D. 能源体制。

答案：ABCD。

10. 下列关于“两个替代”与能源革命说法正确的有（　　）。

A. 清洁替代是能源转型的必然规律，是新一轮能源革命的重要方向；

B. 实施清洁替代是实现能源可持续发展的关键；

C. 电能替代是实现终端能源消费高效化、低碳化的必然要求；

D. 电能替代是解决能源环境问题的有效途径。

答案：ABCD。

11. 大量分布式电源的接入使配电网成为有源电网，将对（　　）等带来一系列技术问题。

A. 电压稳定；　　B. 继电保护；　　C. 短路电流；　　D. 电能质量。

答案：ABCD。

12. 温室效应对人类生存发展构成的威胁有（　　）。

A. 陆地面积缩减；　　B. 大量物种灭绝；　　C. 威胁食物供应；　　D. 危害人类健康。

答案：ABCD。

13. 实施电能替代将全方位调整能源消费格局，重点任务是推进（　　）的电能替代战略。

A. 以电代煤；　　B. 以电代油；　　C. 电从远方来；　　D. 来的是清洁电。

答案：ABCD。

14. 全球能源观的核心内容是以（　　）的观点和立场研究和解决能源问题。

A. 全球性；　　B. 历史性；　　C. 差异性；　　D. 开放性。

答案：ABCD。

15. 能源发展的趋势是（　　）。

A. 清洁化；　　B. 电气化；　　C. 网络化；　　D. 智能化。

答案：ABCD。

16. 全球能源互联网是以互联网理念构建的能源、市场、信息和服务高度融合的新型能源体系构架，具有（　　）等互联网典型特征。

A. 平等；　　B. 互动；　　C. 开放；　　D. 共享。

答案：ABCD。

17. 全球能源观的“全球性”包含的含义有（　　）。

A. 能源开发的全球性；　　B. 能源配置的全球性；

C. 能源安全的全球性；　　D. 环境影响的全球性。

答案：ABCD。

18. 经济社会发展对能源供需的影响，下列说法中正确的有（　　）。

A. 经济社会仍处于较快发展阶段，能源需求将持续增长；

B. 全球经济发展趋向均衡，各地区人均能源需求差距将缩小；

C. 人口增长差异化显现，对能源需求影响加大；

D. 全球经济政策向全球化、均衡化和低碳化发展。

答案：ABCD。

19. 全球电力流涉及技术、经济、资源、环境，涉及能源生产、消费、地域分布等多方面因素，在研究全球电力流布局时要坚持的原则包括（　　）。

A. 低碳发展原则；　B. 本地优先原则；　C. 经济高效原则；　D. 技术可行原则。

答案：ABCD。

20. 世界电网在需求增长和技术进步的推动下呈现出（　　）的发展规律。

A. 电压等级由低到高；　B. 互联程度由强到弱；

C. 联网规模由小到大；　D. 自动化水平由弱到强。

答案：ACD。

21. 全球能源互联网是（　　）。

A. 以特高压电网为骨干网架（通道）；　B. 以输送清洁能源为主导；

C. 以大规模输送火电为主导；　D. 是全球互联泛在的坚强智能电网。

答案：ABD。

22. 综合考虑全球（　　）等因素，未来全球能源互联网发展可以划分为洲内互联、跨洲互联和全球互联三个发展阶段。

A. 能源分布；　B. 清洁能源发展；　C. 能源供需；　D. 能源输送。

答案：ABCD。

23. 全球能源互联网是全新的全球能源配置平台，具备（　　）等重要特征。

A. 网架坚强；　B. 广泛互联；　C. 高度智能；　D. 开放互动。

答案：ABCD。

24. 全球能源互联网具备（　　）等主要功能。

A. 能源传输；　B. 资源配置；

C. 市场交易；　D. 产业带动和公共服务。

答案：ABCD。

25. 高度智能是全球能源互联网的重要特征，智能化发展方向包含（　　）。

A. 电网运行控制和调度的智能化水平不断提升；

B. 智能电网下的互动将持续深入；

C. 智能电网从单纯的电力传输网络向智能能源信息一体化基础设施扩展；

D. 智能电网的泛在属性越来越凸显。

答案：ABCD。

26. 全球能源互联网智能化发展的建设重点是要全方位提升（　　）、用电、调度、通信信息各个环节的智能化水平。

A. 发电；　B. 输电；　C. 变电；　D. 配电。

答案：ABCD。

27. 构建全球能源互联网将产生巨大的经济、社会、环境效益，以下说法正确的有（　　）。

A. 全球联网将促进可再生能源资源的开发与消纳，大幅降低化石能源消费，能够控制温室气体排放，保护生态环境；

B. 将各大洲电网连接，由于各大洲存在时差和气候带差，负荷的峰谷期不同，以及能源资源决定的电源结构差异，洲际电网联合运行将带来巨大的联网效益；

C. 将大型可再生能源基地的低成本电力输送到发电成本较高的电力受入地区，可降低受电地区的电力供应成本；

D. 通过促进发展中国家可再生能源的开发利用，有利于拉动当地经济增长，促进区域经济协调发展。

答案：ABCD。

28. 全球能源互联网的经济效益有（　　）。

A. 保障经济社会发展的能源供应；　　B. 降低能源供应成本；

C. 获取显著联网效益；　　D. 拉动全球经济增长。

答案：ABCD。

29. 全球能源互联网技术创新的方向是（　　）。

A. 提高可再生能源的可控性，保障能源安全稳定供应；

B. 降低清洁能源发电成本，实现能源可持续发展；

C. 提高特高压输电技术水平，加快开发“一极一道”和各洲大型清洁能源基地；

D. 研制适应极端气候条件的电力装备，保证关键设备和电网建设运行安全。

答案：ABCD。

30. 通过技术创新，重点解决构建全球能源互联网的可行性、经济性和安全性问题，需要在（　　）领域取得重大突破。

A. 电源技术；　　B. 电网技术；　　C. 储能技术；　　D. 信息通信技术。

答案：ABCD。

31. 海底电缆未来发展的主要技术方向是（　　）。

A. 高成本；　　B. 高电压；　　C. 长距离；　　D. 大容量。

答案：BCD。

三、判断题

1. 到 2040 年，基本建成全球能源互联网，逐步实现清洁能源占主导的目标。

答案：错误。

2. 全球能源互联网是清洁能源发电、智能电网、储能、信息通信、互联网等先进技术集成创新的重要平台。

答案： 正确。

3. 欧美地区一次能源消费总量最大、增速最快。

答案： 错误。

4. 太阳能是目前技术最成熟、经济性最高、已开发规模最大的清洁能源。

答案： 错误。

5. 太阳能是资源量最大、分布最为广泛的清洁能源。

答案： 正确。

6. “一极一道”是指北极圈及其周边地区和赤道附近地区。

答案： 正确。

7. 水能、风能、太阳能、化石能等清洁能源开发利用，必然成为新一轮能源转型的方向。

答案： 错误。

8. 世界水能和太阳能发电快速发展，为推进清洁替代和电能替代、实现世界能源可持续发展奠定了基础。

答案： 错误。

9. 世界能源发展经历了从低碳向高碳、从低效向高效、从大范围配置向局部平衡的发展历程，“两个替代”是这一发展过程的必然趋势。

答案： 错误。

10. 随着能源需求增长和电气化水平提高，全球电力需求保持较快增长；能源需求增速高于电力需求增速，电力在能源结构中的优势地位日益凸显。

答案： 错误。

11. 全球能源互联网经过洲内互联、跨洲互联、全球互联三个阶段。

答案： 正确。

12. 直流电网技术发展是保障清洁能源大规模发展和电网安全经济运行的关键。

答案： 错误。

13. 未来应用于全球能源互联网的主要是电储能。

答案： 正确。

14. 电网技术创新是推动“两个替代”的关键。

答案：错误。

15. 截至 2014 年底，中国已建成投运了 3 条特高压交流线路和 6 条特高压直流线路。

答案：正确。

16. 智能电网工程涵盖发电、输电、变电、配电、调度等各领域，不包括用电领域。

答案：错误。

17. 中国已经形成了华北—华中、华东、东北、西北、南方、西藏等六个同步电网，除台湾外实现了全国联网。

答案：正确。

18. 中国国家电网公司坚强智能电网发展总体分为四个阶段。

答案：错误。

19. 清洁替代是实施电能替代的必然结果，对提高能源利用效率和电气化水平十分关键。

答案：错误。

20. “两个替代”对全球能源发展具有革命性影响，将推动能源结构从化石能源为主向清洁能源为主转变，实现能源消费高效化、低碳化和清洁化目标。

答案：正确。

21. 以清洁能源为主导的能源生产趋势，是全球范围开发清洁能源、推进清洁替代的理论基础。

答案：正确。

22. 影响能源供需的五大主要因素：经济社会发展、能源资源禀赋、能源环境约束、能源技术进步和能源政策调控。

答案：正确。

23. 能源结构将实现从化石能源为主、清洁能源为辅，向化石能源、清洁能源并重的根本性转变。

答案：错误。

24. 有效能指在终端能源消费环节，扣除能量损失后实际发挥作用的能量。

答案：正确。

25. 预计到 2050 年，化石能源发电量占全球总电量的 10%左右，主要为天然气发电和煤炭发电。

答案：正确。

26. 青藏高原、甘肃北部、宁夏北部和新疆南部等戈壁和荒漠地区的风能资源最为丰富。

答案：错误。

27. 目前总体呈现出化石能源开采成本逐步上升，清洁能源开发成本逐步下降（“一升一降”）的趋势。

答案：正确。

28. 年人均用电量是反映一个国家电力发展水平的重要指标之一。

答案：正确。

29. 电源技术创新是实现能源资源全球优化配置的关键。

答案：错误。

30. 大型能量型储能可用于电动汽车。

答案：错误。

31. 全球能源互联网是以特高压电网为骨干网架（通道），以输送清洁能源为主导，全球互联泛在的坚强智能电网。

答案：正确。

32. 从世界能源发展趋势和资源禀赋特征看，实施以清洁替代和电能替代为主要内容的“两个替代”是世界能源可持续发展的重要方向。

答案：正确。

参 考 文 献

［1］刘振亚. 全球能源互联网［M］. 北京：中国电力出版社，2015.

［2］国家电力调度控制中心. 配电网调控人员培训手册［M］. 北京：中国电力出版社，2016.

［3］国家电力调度通信中心. 电网调度运行实用技术问答［M］. 北京：中国电力出版社，2008.

［4］国家电网公司人力资源部. 国家电网公司生产技能人员职业能力培训专用教材　配电线路运行［M］. 北京：中国电力出版社，2010.

［5］国家电网公司人力资源部. 国家电网公司生产技能人员职业能力培训专用教材　农网配电［M］. 北京：中国电力出版社，2010.